U0337888

国家能源集团
煤矿智能化建设指南
（试行）

国家能源集团煤炭运输部　煤矿智能化办公室　**组织编写**

中国矿业大学出版社

·徐州·

内 容 提 要

本书包括井工煤矿、露天煤矿、选煤厂、配置建议表四部分及附件，重点介绍了智能化采煤、智能化掘进、智能化穿爆、智能化采剥、智能化选煤厂等初级、中级、高级建设内容。书中配置建议表以功能配置的形式对智能化采煤、智能化掘进、智能化穿爆、智能化采剥、智能化选煤厂等初级、中级、高级建设内容提供了选配表，各级煤矿智能化建设人员可根据选配表结合实际清晰、直观地选择配置标准，从而解决了现场工程技术人员怎么干的问题。同时，还对今后煤矿装备配置智能方面提出了具体要求。本书符合煤矿智能化建设的实际需求，具有很强的针对性和可操作性，为煤矿智能化建设提供了可借鉴、可复制、可推广的国家能源集团方案，为煤炭行业高质量发展做出了贡献。

图书在版编目（C I P）数据

国家能源集团煤矿智能化建设指南：试行／国家能源集团煤炭运输部，煤矿智能化办公室组织编写. —徐州：中国矿业大学出版社，2021.5
ISBN 978-7-5646-5009-4

Ⅰ．①国… Ⅱ．①国… ②煤… Ⅲ．①智能技术—应用—煤矿开采—中国—指南 Ⅳ．①TD82-39

中国版本图书馆 CIP 数据核字（2021）第 072238 号

书　　名	国家能源集团煤矿智能化建设指南（试行）	
组织编写	国家能源集团煤炭运输部　煤矿智能化办公室	
责任编辑	李士峰	
出版发行	中国矿业大学出版社有限责任公司	
	（江苏省徐州市解放南路　邮编 221008）	
营销热线	（0516）83884103　83885105	
出版服务	（0516）83995789　83884920	
网　　址	http://www.cumtp.com　E-mail：cumtpvip@cumtp.com	
印　　刷	苏州市古得堡数码印刷有限公司	
开　　本	787 mm×1092 mm　1/16　印张 9.5　字数 150 千字	
版次印次	2021 年 5 月第 1 版　2021 年 5 月第 1 次印刷	
定　　价	42.00 元	

（图书出现印装质量问题，本社负责调换）

本书编写委员会

主　编　杨　鹏

副主编　杨荣明　尤文顺

参　编　（以姓氏笔画为序）

丁　震　　王许培　　王海春　　卢　齐

刘忠全　　李浩荡　　吴晓旭　　张　华

罗会强　　孟广瑞　　曹正远　　崔　文

前　言

  当今时代,新一轮科技革命和产业变革正在加速拓展,智能化已经成为我国经济社会创新发展的不竭动力,成为构建以国内大循环为主体、国内国际双循环相互促进新发展格局的重要支撑,成为推动各行业高质量发展的根本路径。推进煤炭产业与智能化技术深度融合,加快煤矿智能化建设是防范、化解煤矿安全风险的治本之策,是实现煤炭行业高质量发展的重要途径,是煤炭企业可持续发展的必由之路,是矿工对美好生活向往的迫切需求。

  为深入贯彻习近平新时代中国特色社会主义思想,认真落实国家发展改革委等八部门联合印发的《关于加快煤矿智能化发展的指导意见》,按照《国家能源集团关于加快煤矿智能化建设的实施意见》《国家能源集团关于进一步加快煤矿智能化建设的通知》等相关要求,结合国内外煤矿智能化建设的实践经验、先进技术和先进理念,煤矿智能化办公室编制了《国家能源集团煤矿智能化建设指南(试行)》(以下简称《指南》)。

  《指南》包括井工煤矿、露天煤矿、选煤厂、配置建议表四部分及附件,重点介绍了智能化采煤、智能化掘进、智能化穿爆、智能化采剥、智能化选煤厂等初级、中级、高级建设内容。

  《指南》提供了可借鉴、可复制、可推广的建设方案,是提高煤矿智能化技术水平和规范煤矿智能化建设的引导性文件,对国家能源集团全面推进煤矿智能化建设具有重要意义。

编写委员会
2021 年 1 月

目　录

第四部分　配置建议表

附　　件

第一部分

井工煤矿

初级智能化煤矿：煤矿智能化技术及建设全覆盖，实现建设指南中采煤、掘进、灾害预警、通风、主运输、智能一体化管控平台等初级建设要求的85％。

中级智能化煤矿：在初级基础上，实现建设指南中采煤、掘进、灾害预警、通风、主运输、智能一体化管控平台等中级建设要求的85％。

高级智能化煤矿：在中级基础上，实现建设指南中采煤、掘进、灾害预警、通风、主运输、智能一体化管控平台等高级建设要求的85％。

第一章   智能化采煤

一、初级

构建"自主移架＋记忆割煤＋跟机干预＋集控"采煤模式,实现采煤工作面"5"人生产作业目标。智能采煤系统相关装备满足下述要求:

（1）采煤机具备记忆割煤、在线监测及故障诊断等功能,并安设摇臂摆角、机身倾角等姿态监测传感器。

（2）液压支架具备自动跟机移架功能,能跟随采煤机自动完成伸收护帮、移架、推溜、喷雾降尘等动作。

（3）集控中心具备工作面可视化,"三机"、泵站一键启停,移变开关远程控制,设备数据显示上传等功能。

（4）刮板运输机机尾具备张力自动控制功能。

（5）采煤工作面具有自动喷雾高效除尘系统。

二、中级

构建"协同作业＋有人巡视＋远程干预"采煤模式,实现采煤工作面"3"人生产作业目标。智能采煤系统相关装备在初级基础上满足下述要求:

（1）采煤机具备"记忆割煤＋人工远程干预割煤"功能,满足远程集中操控的要求。

（2）液压支架具备姿态感知监测、人工远程干预找直等功能,超前支架具备远程控制功能。

（3）集控中心具备采煤机、液压支架、找直系统可视化远程操控，设备状态实时监测，采煤机和液压支架数据自动生成报表上传等功能。

三、高级

构建"自主割煤＋无人跟机＋智能决策"采煤模式，实现采煤工作面"0"人生产作业目标。智能采煤系统相关装备在中级基础上满足下述要求：

（1）采煤机具备机身姿态自感知、截割自适应、自主割煤等功能，构建透明工作面数字模型、人工智能算法模型等。

（2）液压支架具备姿态自感知、自监测、自找直功能，实现全工作面智能化跟机移架控制功能。

（3）集控中心具备工作面主要设备（采煤机、液压支架）数据的智能分析、智能诊断、智能决策功能，自动三维建模功能，"三机"实现自适应调速功能。

（4）工作面具备设备、环境感知监测预警，智能视频识别，机器人巡检，人员精准定位等功能。

（5）工作面宜有井下、地面集控中心，具备远程操控功能，实现高级智能协同控制无人化作业。

第二章　智能化掘进

一、初级

构建"掘进设备远程操控＋运输设备集中控制"的掘进模式。掘进工作面作业人员不超过 9 人。智能掘进系统相关装备满足下述要求：

（1）掘进设备具备遥控操作、状态监测等功能，具备声光报警、故障诊断等功能。

（2）钻锚设备具备定位、钻孔、锚固等环节液压操控功能。

（3）运输设备具备可视化集中控制功能。

（4）工作面集控中心具备掘进作业视频监控、掘进设备远程操控等功能。

二、中级

构建"掘支锚运平行作业＋远程集控"的快速掘进模式。掘进工作面作业人员不超过 7 人。在初级基础上满足下述要求：

（1）掘进设备宜具备自适应截割、远程集中操控等功能。

（2）钻锚设备具备定位、钻孔、锚固等环节电液操控，锚固质量自检验功能，并配置便携式遥控器。

（3）运输设备宜具备自适应调速功能。

（4）危险区域具备人员接近识别、报警停机等功能。

（5）工作面集控中心具备掘支运设备可视化远程操控、设备工况在线监测等功能。

三、高级

构建"自主掘进协同作业＋远程监控"的智能掘进模式。掘进工作面作业人员不超过 5 人。在中级基础上满足下述要求：

（1）掘进设备具备自动导航、自主截割功能。

（2）钻锚设备具备自动铺网、自动定位、自动钻孔、自动注锚固剂、自动锚固锚杆（索）等功能。

（3）运输设备具备智能转载运输功能。

（4）工作面宜有井下、地面集控中心，宜具备三维建模、一键启停、远程操控功能，工作面实现高效智能协同作业。

第三章　灾害预警及智能通风

一、灾害预警

（一）初级

（1）透明地质系统：具备地质建模功能，利用各种探测数据建立地质数据库，初步建立地质模型。

（2）煤矿重大灾害监测系统：具备矿压监测、水文和水质监测、矿震和微震监测、瓦斯抽采监测、风流瓦斯监测、火灾和热动力监测及其他辅助监测等模块，开发系统接口与协议。

（二）中级

（1）透明地质系统：具备构造地质几何建模、瓦斯地质建模、水文地质建模功能，形成精细地质模型。

（2）煤矿灾害预警系统：宜具备多因素多指标模态预警模块，实现分区分级预测预报和预警。

（三）高级

（1）透明地质系统：宜具备扰动地质及力学建模功能，通过动态数据适时更新，形成综合地质模型和地质隐蔽属性透明表达。

（2）煤矿灾害预警系统：宜具备"全息-本源-模态"精准预警模块，根据具体矿井的灾害类型针对性布置相应的感知设备，分灾种预警，预警的同时要求具备溯源功能，为矿井灾害精准治理提供决策依据。

二、智能通风

（一）初级

（1）主要通风机：设置风量、风压、温度、振动、频率等传感器；软件系统具备故障在线诊断等功能，并开放系统接口与协议。

（2）局部通风机：具备风速、风量、温度等参数在线监测功能；设置有开停控制器和变频调速装置。

（3）风门：设置行程传感器、红外传感器、声光报警装置等监测设备；设置有就地自动控制及驱动装置；设置风门远程监控系统集成监测设备和控制器并开放接口。

（4）风窗：设置风窗开启面积监测设备、就地调控设备、远程调控设备和应急调控设备；设置风窗监控软件集成监测设备和控制器并开放接口。

（5）风流监测：设置绝对大气压、压差、温度、湿度传感器，系统可对监测数据进行分析、滤波、校核等预处理，实现远程自动监测。

（6）软件平台：宜具备建模与初始化、智能调控与可视化、系统分析与维护等模块。建模与初始化模块具有建立风量监测计算模型、风阻调节设施计算模型、主要通风机曲线模型等功能。

（二）中级

在初级的基础上实现下述功能。

（1）主要通风机：实现远程控制和一键倒机功能。

（2）井下风门、风窗、测风系统等通风设施：实现远程调节控制功能。局部通风机：实现远程控制功能。

（3）软件平台：智能调控与可视化模块宜具备可视化仿真，正常时期最优调节，灾变时期最优控风功能，实现人工远程调节控制；系统分析与维护具备优化监测点和调控设施布置方案功能。

（三）高级

在中级的基础上实现下述功能。

（1）主要通风机：根据实际情况,宜设置变频调速装置。

（2）软件平台：智能调控与可视化模块宜具有三维仿真、通风系统状态识别、需风量超前预计、实时分风解算功能;具备正常时期最优调节、灾变时期最优控风功能,井下通风网络及设施故障诊断功能,实现远程自动调节控制。具备与工业自动化系统、精确人员定位系统和精确车辆定位系统集成的功能。

第四章　固定岗位无人值守

一、主运输系统

（一）初级

带式输送机应实现连锁远程集中控制；各类传感器及保护齐全，具备语音预警功能；具备集控、就地控制模式，固定岗位设置可视化监控；软件接口开放。实现无人值守、有人巡视。

（二）中级

在初级的基础上，实现给煤机智能控制，智能集中润滑，油脂在线监测，钢丝绳芯带面无损检测；监控系统具备电子围栏功能，实现人员＋机器人巡视。

（三）高级

在中级的基础上，建设智能感知、智能决策、自动执行的全矿井煤流智能运输系统，与工作面开采系统和煤仓存储系统智能联动，实现全矿井煤流系统智能运行。宜采用永磁同步直驱，智能除铁。宜应用基于人工智能的识别系统，实现机器人巡视。

二、变电所

（一）初级

供配电系统应实现高(低)压电气设备遥信、遥测、遥控、遥调、遥视信息在线监测及远程实时传输和可视化监控，遥控功能必须具备防误操作和远程闭锁功能。具备数据采集、运行监视和峰谷电能计量、能耗统计功能，软件接口开放。实现变电所远程集中控制，无人值守，有人巡视。

（二）中级

在初级基础上，具备绝缘监测、在线电能质量分析、防越级跳闸、自动故障定位、快速故障隔离、操作安全闭锁和电子挂牌等功能，装设门禁系统。实现人员＋机器人巡视。

（三）高级

在中级基础上，宜具备供电系统无缝切换、自动防灭火、智能告警、智能调度等功能。实现机器人巡视。

三、水泵房

（一）初级

具备两种可靠的引水装置及双水位双报警功能，有远程、就地自动、就地手动三种控制方式。实现主供水系统设备的智能运行，通过对水泵运行参数的监测，实现水泵远程监控。开放接口，具备接入矿井一体化管控平台功能。实现地面远程集中控制，有人巡视。

（二）中级

在初级的基础上，具备设备在线点检、智能集中润滑、多水平阶梯式联合排水智能监控功能。具备与水文监测系统联动预警与控制功能。实现人员＋机器人巡视。

（三）高级

在中级的基础上，宜具备根据涌水量自动调节排水泵运行台数，自动切换排水管路功能，能在线监测主排水系统工序能耗，实现多台泵自动轮换工作控制。具备通过多传感器和各系统数据融合实现按需供水，并能实现对用水量的预分析功能。实现机器人巡视。

第五章 智能一体化管控平台

智能一体化管控平台是基于集团统一数据标准、工业互联架构，采用"云边协同"模式部署，覆盖煤矿安全、生产、调度、运营等业务领域的一体化综合性管控平台。该平台适用于井工煤矿、露天煤矿、选煤厂智能化建设。

一、初级

依托煤矿云计算数据中心建设完成智能一体化管控平台，贯通智能生产执行层与智能控制层数据通道，实现生产集中控制和安全监测融合、管控协同。

（1）生产执行管理系统：具备一体化生产计划协同编制、多层级多业务协同调度、生产综合监控、设备全生命周期管理等功能。

（2）生产集中控制系统：具备煤矿智能控制系统及智能装备数据接入、应用场景监控画面组态、逻辑控制模型库构建、生产系统集中监控和联动控制等功能，并与生产执行系统实现业务协同。

（3）安全集中监测系统：具备接入瓦斯、水、火、顶板、人员位置、车辆防碰撞等监测感知系统的功能，实现精准感知、分级报警、应急联动，并与生产执行系统实现业务协同。

二、中级

在初级基础上基于算法模型进行大数据分析，实现生产运营监测优化、生产控制智能优化、安全监测预测预警。

（1）生产执行管理系统：具备生产、运营、成本、经营、绩效等方面的算法模型,基于二维、三维一体化 GIS 平台实现生产运营信息动态可视化,智能化分析和自助化服务应用。

（2）生产集中控制系统:具备核心生产工艺及关键应用场景监控子系统设备的启停、运行闭锁、故障解除等远程控制功能,支持联动控制模型不断优化。

（3）安全集中监测系统:具备设备、环境、人员感知监测信息标准化接入功能,实现同时序下多系统参量综合模态化监测报警、非机理模型的预测预警、安全管理分析预判。

三、高级

在中级基础上形成矿区新型智能化生产管理模式,实现生产控制自主决策协同、安全监测精准分析预警。

（1）生产执行管理系统:以业务高效协同和自主优化为目标,持续提升系统自发现、自决策和自处理问题能力,采用智能化生产新型管理模式及业务流程。

（2）生产集中控制系统:具备实时感知、精准分析、自主决策和协同控制能力,实现生产运行过程自运行、异常监管、全局优化和动态调控。

（3）安全集中监测系统:具备基于大数据和人工智能的重大灾害风险智能判识模型,构建煤矿灾害的精准预警体系和专家决策平台,实现对主要灾害的超前预警、精准分析和预测。

第六章　煤矿云计算数据中心

煤矿云计算数据中心是集团云的边缘侧数据中心,在矿区管理网部署,遵循集团和板块数据标准,接入来自生产执行系统及其他子/分公司建设业务系统数据,采集矿区控制层及设备层的监测监控数据,构建矿区全局数据视图,提供实时数据计算分析能力,实现数据资源化管理,支撑传统业务应用和智能化业务应用。适用于井工煤矿、露天煤矿、选煤厂智能化建设,在初级智能化阶段开始建设,包括以下组成部分。

（1）数据采集服务:具备多源异构数据接入能力,提供实时生产、安全监测和业务管理数据采集、转换与清洗工具。源系统接入数据应符合数据标准。

（2）数据存储服务:具备矿区海量异构数据存储能力,包括关系型数据存储、空间数据存储、实时数据存储、非结构化数据存储等部分。

（3）数据计算服务:具备批量计算和流式计算能力,提供批流一体的数据计算引擎。

（4）数据管理服务:具备监控煤炭云计算数据中心整体运行状况的能力,为日常数据维护提供管理工具。

（5）数据访问服务:具备对用户和系统提供授权可控数据共享和访问服务功能。

（6）人工智能服务:具备大数据分析、机器学习、模式识别、语义分析等人工智能分析功能,为各类应用系统提供数据建模挖掘分析能力,为生产控制和运营管理提供高效决策支持。

第七章　通信网络

矿区通信网络建设需遵循技术先进、运行可靠和专网专用的原则,核心节点设备具备冗余结构和监控管理功能,以保障煤炭子/分公司及矿区有线、无线网络环境的稳定运行。适用于井工煤矿、露天煤矿、选煤厂智能化建设。

一、初级

矿区网络传输带宽不低于 1 000 Mb/s,按需部署 WiFi、UWB 等无线通信网络。能满足初级智能化数据传输和调度通信需要。

二、中级

矿区网络传输带宽不低于 10 000 Mb/s,核心节点实现冗余配置,部署 4G/5G、WiFi、UWB 等无线通信网络。能满足中级智能化数据传输和调度通信需要。

三、高级

在中级基础上,生产控制网具备独立运行通道,不受其他通信干扰,达到等同现场操控的速率要求。能满足高级智能化数据传输和调度通信需要。

第八章　网络安全防护

煤矿智能化建设应按照《中华人民共和国网络安全法》中"同步规划、同步建设、同步使用"的三同步原则,同步考虑网络安全防护建设,大力提升煤矿智能化网络安全防御能力。适用于井工煤矿、露天煤矿、选煤厂智能化建设。

一、初级

煤矿智能化网络安全防护建设应按照《信息安全技术　网络安全等级保护基本要求》(GB/T 22239—2019)、《信息安全技术　网络安全等级保护安全设计技术要求》(GB/T 25070—2019)、《国家能源集团网络安全管理办法(试行)》(〔2020〕167号)和《国家能源集团工控系统网络安全管理办法(试行)》(〔2021〕7号)等相关标准和文件要求开展,改造建设完成后认定为初级。

二、中级

在初级网络安全防护的基础上,应具备网络安全态势感知、动态分析决策处置、核心主机精准防护、威胁情报共享联动等主动防御能力。针对煤矿智能化建设过程中涉及的无线网络、人工智能、云计算、物联网等新技术的应用,采取了专项安全防护技术措施并且防护效果明显的认定为中级。

三、高级

在中级网络安全防护的基础上,具备敏感数据自识别、数据风险自评估、数据保护技术策略自执行、数据泄露事件自审计的能力。

第二部分

露 天 煤 矿

　　初级智能化煤矿:煤矿智能化技术及建设全覆盖,实现建设指南中基础设施、穿爆、采剥、灾害预警、生产辅助等初级建设要求的85%。

　　中级智能化煤矿:在初级基础上,实现建设指南中基础设施、穿爆、采剥、灾害预警、生产辅助等中级建设要求的85%。

　　高级智能化煤矿:在中级基础上,实现建设指南中基础设施、穿爆、采剥、灾害预警、生产辅助等高级建设要求的85%。

第一章　基础设施

　　智能一体化管控平台、煤矿云计算数据中心、通信网络、网络安全防护等建设内容见第一部分的第五章至第八章。

第二章　智能化穿爆

一、初级

优化炮孔设计,穿孔设备实现精准定位,具备实时监测、引导定位、自动布孔、精确控制等功能。

（1）穿爆管理系统具备穿爆设备管理、自动布孔、药量计算等功能。

（2）穿孔设备具备钻头位置监控、自主导航、引导定位、精确感知等功能。

（3）穿孔设备控制系统具备行走速度、钻进速度、回转压力等数据精确感知和控制能力。

二、中级

在初级的基础上,优化地质管理,穿孔设备实现远程操控、有人跟机干预,具备钻机状态可视化监控等功能。

（1）穿爆管理系统具备地质、测量管理,钻孔设计、三维地质建模等功能。

（2）穿孔设备实现可视化远程操控,具备精准对位、自动钻进、孔深测量等功能。

（3）炸药车具备接收钻孔定位信息和装药设计数据等功能,实现逐孔、定量装药。

三、高级

在中级的基础上,优化穿爆系统和穿爆装备能力,实现穿爆现场无人化作业、穿孔设备自主运行。

(1)穿爆管理系统能构建地质时空模型,优化爆破孔网参数,实现爆破作业孔位智能布置、炸药单耗精确设计。

(2)穿孔设备具备智能控制、自主运行、岩性识别等功能,实现与采装、运输等生产过程高效协同作业。

第三章 智能化采剥

一、单斗卡车工艺

（一）初级

采剥设备具备线控功能，搭建网络平台，安设感知系统，实现"采、运、排"装备单机智能化作业。智能化采剥满足下述要求：

（1）电铲具备精准定位、电缆自动收放、运行状态监测及报警、可视化远程操控等功能。

（2）卡车制动、举升、转向等系统具备线控功能，安设感知系统，宜具备自动行驶功能且有人干预。

（3）辅助设备具备精准定位、调度通信管理、铲刀位置可视化监视等功能。

（4）集控中心具备远程集中控制、交通运输管制、生产调度、地图自动更新等功能。

（二）中级

在初级的基础上，建立路权管理、故障预警、协同作业管理系统，实现采剥设备编组智能化协同作业。智能化采剥满足下述要求：

（1）电铲具备铲斗精准定位、斗齿监控、铲臂运动路径规划、车铲对位等功能，宜具备自动装车、远程干预功能。

（2）卡车具备车铲协同作业、路径自动规划、障碍物智能避让、安全精准预警等功能，宜具备无人行驶、远程监控功能。

（3）辅助设备具备作业工况全景感知和展现、电控化等功能，宜具备行走、作业可视化远程操控功能。

（4）集控中心具备铲、车、辅助设备协同装卸组网及编队、采剥设备自动配比等功能。

（三）高级

在中级的基础上,构建虚拟仿真系统,优化采剥设备匹配方案,实现采剥设备多机智能化协同作业。智能化采剥满足下述要求:

（1）电铲及辅助设备具备作业环境实时感知、采集与重构,自主装车等功能。

（2）卡车具备复杂工况下自主行驶功能。

（3）辅助设备具备铲刀一键就位、物料识别、自主行走作业等功能。

（4）集控中心具备采剥设备故障智能诊断,采剥作业无人化机群高效协同,作业过程平行仿真监控、智能预警等功能。

二、连续采剥工艺

（一）初级

构建"集中控制＋跟机干预"的开采模式,满足下述要求:

（1）采剥设备具备点控、单控、可视化监视功能,以及开采过程跟机干预功能。

（2）运输设备具备可视化远程控制功能,无人值守,有人巡视。

（3）集控中心具备采运排设备集中控制、作业过程可视化远程监控功能。

（二）中级

在初级的基础上,构建"远程控制＋采剥联控"的开采模式,满足下述要求:

（1）采剥设备实现自主截割,采剥系统具备联控模式,采剥设备具备可视化远程操控功能;具备多系统融合感知、设备故障预测诊断功能。

(2)运输设备实现局部机器人巡视。

(3)集控中心具备一键启停、采剥设备可视化远程操控、设备状态在线监测、数据自动生成等功能。

(三)高级

在中级基础上,构建"自主开采＋多机协同＋智能决策"开采模式,满足下述要求:

(1)采剥设备具备姿态自感知、挖掘(截割)自适应功能,宜具备作业状态平行智能诊断、"采剥无人作业＋远程监控"功能。

(2)运输设备实现机器人巡视。

(3)集控中心具备采剥设备状态智能诊断、采运排作业过程视频智能监控、采运排设备高效协同和智能调速等功能。

第四章 灾害预警

建设灾害预警平台,实现灾害智能感知、信息融合、数据挖掘和决策支持。

一、边坡

运用边坡雷达、GNSS、GNSS-RTK、锚索应力监测等装备和技术,对采场和排土场边坡变形和应力变化进行监测,建设边坡安全监测子系统,实现边坡位移自动在线监测、数据分析、预警等功能。

二、水害

具备负载管网调配功能;排水点根据水压、水位实现智能排水;具备自动轮换运行功能;具备故障分析诊断及预警功能;宜与矿井水文监测系统联动;实现远程集中控制。

第五章　生产辅助

一、疏干排水

建设疏干排水系统,合理控制地面、采场水量及内排地下水位变化,排水泵站具备设备自动轮换工作能力,可根据水池水位自动选择合理排水方式,具备在线监测疏干排水系统工序能耗功能,实现泵站自动运行、无人值守、远程集中监控。

二、供配电

实现变电所无人值守。供配电系统应实现高（低）压电气设备遥信、遥测、遥控、遥调、遥视信息在线监测及远程实时传输和可视化监控,遥控功能必须具备防误操作及远程闭锁。各变电所实时远程集中监控及智能调度,具备数据采集、运行监视、智能告警、防越级跳闸、自动故障定位、快速故障隔离、自动防灭火等功能;具备实现峰谷电能计量、能耗统计、在线电能质量分析、绝缘监测功能,推广使用机器人巡检。

第三部分

选 煤 厂

第一章　基础设施

　　智能一体化管控平台、煤矿云计算数据中心、通信网络、网络安全防护等建设内容见第一部分的第五章至第八章。

第二章　初级智能化

建设远程监控和在线检测中心,具备主要生产区域、重要岗位及重点部位设备状态在线集中监测及分选数据在线检测等功能,实现固定岗位无人值守＋远程监测＋有人巡视。

（1）视频监测系统具备设备集中控制,工况、作业环境视频及图像信息在线监测、联动分析等功能。

（2）数据检测系统具备生产环节工艺参数、流量、压力等在线自动检测功能。

（3）装车发运系统具备无人化自动称重、定量装车,车辆出入自动识别、精准定位、自动装载等功能。

第三章　中级智能化

在初级的基础上,建设分选设备在线集中控制、机器人巡检等系统,具备分选数据自动采集、分选设备状态在线分析等功能,实现选煤设备远程集中控制及机器人巡检。

（1）主要生产设备、阀门等具备远程控制、一键启停、联动报警、故障在线分析等功能。

（2）视频监测系统具备重要生产区域防人员入侵、越界报警等功能,宜采取机器人巡检。

（3）集控系统具备生产流程、工艺参数自动调节、自动控制、自动记录、自动生成报表等功能。

第四章 高级智能化

在中级的基础上,建成智能感知、智能决策、自动执行的智能化分析决策体系,具备人工智能驱动、协同控制、仿真模拟等功能,实现选煤厂无人"黑灯"运行。

(1)虚拟仿真系统具备原煤数据建模、生产过程仿真模拟、基于虚拟现实技术的远程诊断和运维等功能。

(2)分析系统具备生产指标预测、产品结构优化分析、经济效益预测、设备运行综合分析等功能。

(3)决策系统具备最大产率和经济效益下最优生产计划下达,分选、装车环节过程参数智能联动设定等功能。

第四部分

配置建议表

表1 国家能源集团智能化采煤工作面配置建议表

序号	设备	分项		配置建议	功能配置 (注:●配置 ○选配 —无)		
					初级	中级	高级
1	采煤机	硬件	传感器	机身倾角	传感器分辨率为0.1°,滚筒控制精度为±30 mm	●	●	●
				摇臂摆角		●	●	●
				位置检测/编码器	300 m工作面,采煤机位置检测精度为±100 mm	●	●	●
			自动拖缆装置		自适应采煤机运行方向、运行速度与采煤机同步运动、变频控制,速度为0~10 m/s,具有转矩控制和速度控制两种模式	—	—	●
			惯性导航系统		采煤机三维精确定位误差为±100 mm,工作面找直系统最大偏差为±500 mm	—	○	●
			在线监测系统		可实时监测设备状态,能够及时发现设备存在的隐患,提前预防性检修处理,减少故障影响时间,提高设备开机率	—	●	●
			集中润滑系统		实现单点精确计量供油;故障点位精准判断并显示;可通过显示器修改润滑点的给油量、给油时间;可通过网络上传到上位机并对润滑系统进行监控管理	○	●	●
		软件	就地控制		遥控器控制,遥控器信号中断保护,位置和延时参数可设	●	●	●

序号	设备	分项	配置建议	功能配置（注：●配置 ○选配 —无）		
				初级	中级	高级
1	采煤机	软件	远程控制	采煤机具有远程参数整定、程序修改、控制功能，延时不超过100 ms；采煤机具备接收其他设备数据的功能，作为采煤机控制的参数依据	○	●	●
			记忆割煤	采煤机通过示范刀可以自动生成向机头、机头斜切进刀、机头返刀，向机尾、机尾斜切进刀、机尾返刀等6个标准工艺段；采煤机具有人工干预（记忆）模式、人工干预（不记忆）两种模式	●	●	●
			预测割煤	分析历史截割数据，识别煤层变化规律，预测下一刀的截割轨迹；先预测、后截割，自学习后再预测、再截割，循环往复	—	●	—
			自主割煤	通过对比工作面精确三维地质模型和实测模型，在综合分析煤层变化趋势、工作面平直度、当前割顶底情况、采煤机运行等大数据基础上，通过优化算法制定未来10刀的割煤策略，给出采煤机下一刀滚筒调整曲线，指导采煤机割煤	—	—	●
			数据上传	牵引电机电流、截割电机电流，行走参数，牵引电机油温及轴承温度等数据传输	●	●	●

表 1(续)

序号	设备	分项			配置建议	功能配置(注:●配置 ○选配 —无)		
						初级	中级	高级
1	采煤机	软件		接口与协议	① 具备无线 WiFi、以太网接口,具体技术要求参见《国家能源集团矿山机电设备通信接口和协议规范》。 ② 具有数据报表功能,应自动生成自动化率、人工干预率及其他相关运行数据报表,能区分出就地干预和远程干预状态。 ③ 可选配有线传输,采用电力载波或点导线/光纤通信	●	●	●
2	液压支架	硬件	传感器	立柱压力	测量范围为 0～60 MPa,测试误差小于 1%,左右 2 个立柱各安装 1 个	●	●	●
				顶梁倾角	倾角传感器,可测量底座倾角,传感器分辨率不大于 0.1°,最小检测角度不大于 0.5°,每架各装 1 个	—	○	●
				掩护梁倾角	倾角传感器,可测量底座倾角,传感器分辨率不大于 0.1°,最小检测角度不大于 0.5°,每架各装 1 个	—	○	●
				底座倾角	倾角传感器,可测量底座倾角,传感器分辨率不大于 0.1°,最小检测角度不大于 0.5°,每架各装 1 个	—	○	●
				采高	高度误差为±0.5%,每 5 架安装 1 个	—	○	●

表 1(续)

序号	设备	分项			配置建议	功能配置 (注:●配置 ○选配 —无)		
						初级	中级	高级
2	液压支架	硬件	传感器	红外	有效接收距离为 0~5 m,有效接收角度为 0°~40°,每架安装 1 个,或者在控制器集成	●	●	●
				推移行程	检测推移液压缸行程,检测精度为±1 mm,每架安装 1 个	●	●	●
				顶底煤检测	测量精度为 4 mm	—	—	●
			摄像仪	微型	最低照度为 1.0 lx,传输方式为 TCP/IP 协议电信号传输;传输速率为 10 Mb/s、100 Mb/s、1 000 Mb/s(自适应);水平视角不小于 38.5°,垂直视角不小于 32.6°,像素不小于 100 万;摄像头宜具有自清洗功能	—	○	●
				大型	最低照度(彩色)为 0.05 lx,分辨率为 2 560×1 440。以太网光接口,TCP/IP 传输协议,传输速率为 10 Mb/s、100 Mb/s(自适应)。摄像头宜具有自清洗功能	—	○	●
			无线基站	WiFi;4G/5G	应具有 2.4 GHz 或 5.8 GHz 频段的 WiFi 通信基站,传输距离为 0~100 m	○	○	○
			人员精确定位系统		定位精度为±200 mm	—	○	●

表 1(续)

序号	设备	分项		配置建议	功能配置 (注:●配置 ○选配 —无)		
					初级	中级	高级
2	液压支架	软件	电液控制系统	具有本架操作支架收打护帮、降柱、移柱、升柱、推溜、闭锁等功能	●	●	●
				具有邻架及隔架操作护帮、降柱、移柱、升柱、推溜、闭锁等功能	●	●	●
			自动跟机控制	具有跟随采煤机位置自动完成收打护帮、降柱、移柱、升柱、推溜等功能	●	●	●
			远程控制	具有远程控制护帮、降柱、移柱、升柱、推溜、闭锁等功能,远程控制响应时间不大于 200 ms	—	●	●
			支架自动找直功能	具有通过工作面直线度数据自动分析并控制每架按照指定的推移行程进行自动移架等功能,单架控制精度为 50 mm,工作面控制精度为 500 mm	—	—	●
			接口与协议	① 以太网接口,Ethernet IP/Modbus TCP/IP 协议,具体技术要求参见《国家能源集团矿山机电设备通信接口和协议规范》。 ② 应具有自动生成数据报表功能,可以按照选定的时间段生成自动化率、人工干预率,能区分出就地干预和远程干预	●	●	●

表 1(续)

序号	设备	分项		配置建议	功能配置 (注:●配置 ○选配 —无)		
					初级	中级	高级
3	超前液压支架	电液控制系统		具有就地控制与遥控控制功能,宜有状态智能感知和自主行走功能	—	—	●
4	「三机」	硬件	传感器	温度、振动、油位、流量等	① 减速器油温:0~200 ℃,4~20 mA 电流信号。② 减速器油位:0~20 kPa,4~20 mA 压力传感器。③ 减速器输入轴温度:0~200 ℃,4~20 mA 电流信号。④ 减速器输出轴温度:0~200 ℃,4~20 mA 电流信号。⑤ 冷却水压力:0~5 MPa,4~20 mA 电流信号。⑥ 冷却水流量:0~60 L/min,4~20 mA 电流信号。⑦ 电机轴承温度:0~200 ℃,PT100 铂热电阻。⑧ 电机绕组温度:0~200 ℃,PT100 铂热电阻。⑨ 链轮(锤头)左、右轴承温度:0~200 ℃,4~20 mA 电流信号	○	○	●
				在线监测系统	可实时监测设备状态,能够及时发现设备存在的隐患,以提前进行预防性检修处理,减少故障影响时间,提高设备开机率	—	●	●
				煤量检测	配置煤量监测装置,实现采煤机速度自适应控制以及刮板运输机速度自适应	—	—	○

表 1(续)

序号	设备	分项	配置建议	功能配置 (注:●配置 ○选配 —无)		
				初级	中级	高级
4	「三机」	硬件	集中润滑系统	实现单点精确计量供油;故障点位精准判断并显示;可通过显示器修改润滑点的给油量、给油时间;可通过网络上传到上位机并对润滑系统进行监控管理	○	●	●
			集中加油系统	设备工作时,将油桶送至集中加油设备附近,集中加油设备进油口软管伸入油桶内即可开始工作;设置好需加注的油量,按下"启动"按钮,集中加油系统开始工作,加注完成后,系统自动停止	—	●	●
			链条自动张紧系统	液压缸压力传感器为 4～20 mA电流信号,0～10 V 电压信号,检测范围为 0～60 MPa;行程传感器为 0.71～3.55 V 电压信号,检测范围为 0～330 mm	○	○	●
		软件	监测监控	① 具有顺序"三机"启停控制、单启停控制功能,具备电机转速参数修改控制、一键启停"三机"控制功能; ② 具有监测"三机"电机电流、转速、绕组温度,变频器 IGBT 温度,变频器控制,故障显示等功能; ③ 具有"三机"系统冷却水检测、"三机"过载保护等功能	○	●	●

表 1(续)

序号	设备	分项		配置建议	功能配置(注:●配置 ○选配 —无)		
					初级	中级	高级
4	「三机」	软件	煤流自适应调速	根据运输机煤量自动调节运输机转速	—	—	●
			接口与协议	以太网接口,Ethernet IP/Modbus TCP/IP协议,具体技术要求参见《国家能源集团矿山机电设备通信接口和协议规范》	●	●	●
5	泵站	硬件	传感器 油温、油位、油质、液位、温度、压力、流量等	具有以下传感器,量程如下。 ① 乳化液液位传感器:4～20 mA,0～2 m。 ② 乳化油油位传感器:4～20 mA,0～2 m。 ③ 乳化液液温传感器:PT100铂热电阻。 ④ 乳化液增压泵出口压力传感器:4～20 mA,0～400 kPa。 ⑤ 喷雾水箱液位传感器:4～20 mA,0～2 m。 ⑥ 喷雾增压泵出口压力传感器:4～20 mA,0～400 kPa。 ⑦ 乳化液系统压力传感器:4～20 mA,0～60 MPa。 ⑧ 喷雾系统压力传感器:4～20 mA,0～60 MPa。 ⑨ 泵曲轴箱油位传感器:4～20 mA。 ⑩ 泵曲轴箱油温传感器:PT100铂热电阻。 ⑪ 泵曲轴箱油压传感器:4～20 mA,0～25 MPa	○	○	●

表 1(续)

序号	设备	分项	配置建议	功能配置 (注:●配置 ○选配 —无)		
				初级	中级	高级
5	泵站	软件	在线监测系统	可实时监测设备状态,能够及时发现设备存在的隐患,以提前进行预防性检修处理,减少故障影响时间,提高设备开机率	—	●	●
			监测监控	具有顺序启停、单启停、一键启停功能,监测监控具备系统压力监测,系统流量监测,泵站启停监测,增压泵启停监测,泵站的油位、油温、液位、故障监测等功能;泵站控制要具有自动加、卸载控制,主从控制,均衡开机控制等功能	○	●	●
			接口与协议	以太网接口,Ethernet/IP 协议,Modbus TCP/IP,具体技术要求参见《国家能源集团矿山机电设备通信接口和协议规范》	●	●	●
6	供电		移变、组合开关	新式综合保护器,具有数据上传和远程控制功能,具有以太网接口或 RS485 接口	○	●	●
			接口与协议	以太网接口,Ethernet/IP 协议,具体技术要求参见《国家能源集团矿山机电设备通信接口和协议规范》	○	●	●

表 1(续)

序号	设备	分项	配置建议	功能配置 (注:●配置 ○选配 —无)		
				初级	中级	高级
7	集控中心	采煤机控制主机	① 微处理器:17-6822EQ,四核,2.0 GHz/2.8 GHz。 ② 内存:DDR4-2133-16 GB。 ③ 硬盘:工规 mSATA-MLC-256 GB。 ④ 显卡:Intel Gen 9 HD Graphics 530。 ⑤ 具有采煤机监控组态软件,数据延时小于 100 ms,具有数据报表导出功能,历史数据自动保存	—	○	●
		支架控制主机	计算机配置同采煤机控制主机:具有支架状态监控软件,数据延时小于 200 ms,显示工作面全部支架状态信息,具有故障预警提示功能、具有数据报表导出功能,历史数据自动保存	●	●	●
		"三机"、泵站、供电主机	计算机配置同采煤机控制主机:具有"三机"、泵站、供电设备运行状态监控软件,数据延时小于 100 ms,显示所有设备的状态信息,具有故障预警提示功能、数据报表导出功能,历史数据自动保存	●	●	●

表 1(续)

序号	设备	分项		配置建议	功能配置 (注:●配置 ○选配 —无)		
					初级	中级	高级
7	集控中心	视频监控系统	计算机配置	同采煤机控制主机	●	●	●
			定点摄像头	每 3 架对煤壁、每 6 架对支架具有跟机切换功能;具有摄像头组态软件,视频信号延时小于 300 ms	○	●	●
			视频分析服务器	处理器:i7。内存:不小于 32 GB。硬盘:SSD 固态 1 TB+机械 6 TB。显卡:CUDA 核心不小于 3 840 个,显存容量不小于 24 GB,显存位宽不小于 384 b,显存速度不小于 432 Gb/s	—	—	○
			硬盘录像机	可接驳模拟摄像机、网络摄像机、网络快球摄像机和网络视频服务器,支持最大 16 路同步回放及多路同步倒放;支持 8 个 SATA 接口,1 个 eSATA 盘库,总存储容量不小于 32 TB	—	—	○
			巡检机器人	具有巡检机器人运行状态监控功能,控制延时小于 300 ms,具有数据报表导出功能,历史数据自动保存	—	—	●
		语音通信系统	语音通话系统	具有与工作面语音对讲功能	—	●	●
			视频监控系统	安装云台摄像机,具有地面、井下视频对讲功能	—	●	●

表 1(续)

序号	设备	分项	配置建议	功能配置(注:●配置 ○选配 —无)		
				初级	中级	高级
7	集控中心	自主割煤主机 — 计算机配置	同采煤机控制主机	—	—	●
		自主割煤主机 — 三维地质模型	应用地面钻孔、切眼、回撤通道、定向钻孔等揭露的煤层三维坐标信息建立地质模型,具有软件接口协议,与采煤机数据双向传输,精度为 200 mm	—	—	○
		自主割煤主机 — 截割模板	具有加载工作面三维扫描模型,获取工作面地质模型中当前工作面顶底板坐标,并下发采煤机采高控制数据的功能。截割模板精度为 200 mm	—	—	○
		自动生成数据报表	采煤机自动化率、干预率;支架自动化率、干预率	—	●	●
		井下集控中心操作台	具有支架各种动作控制功能,具有泵站启停控制功能,具有采煤机摇臂升降、牵引方向、速度控制功能,具有开关、移变、综保停送电控制功能。设备动作延时小于200 ms	—	●	●
		地面集控中心操作室	具备地面远程监控操作功能,即具有支架各种动作控制功能,具有泵站启停控制功能,具有采煤机摇臂升降、牵引方向、速度控制功能,具有开关、移变、综保停送电控制功能。设备动作延时小于200 ms	—	—	●

表 1(续)

序号	设备	分项		配置建议	功能配置 (注:●配置 ○选配 —无)		
					初级	中级	高级
8	机器人	视频巡检		搭载红外及可见光双视摄像机、拾音器,代替人的"眼耳皮肤",自动识别工作面设备发热、异响等问题,平时定速巡航,异常情况下人工远程控制。工作面配置2台巡检机器人,支架、煤机各1台	—	—	●
		三维激光扫描		工作面配置1台,以刮板运输机电缆槽为轨道,最大巡检速度为60 m/min,可实现点云拼接,可引入绝对坐标	—	—	○
9	三维地质模型	钻探		模型精度为200 mm,能准确反映出煤层起伏、倾角、断层等构造	—	—	○
		物探			—	—	○
10	超前支架	传感器	立柱压力	测量范围为0~60 MPa,测试误差小于1%	—	●	●
			顶梁倾角	倾角传感器,可测量底座倾角,传感器分辨率不大于0.1°,最小检测角度不大于0.5°	—	○	○
			掩护梁倾角	倾角传感器,可测量底座倾角,传感器分辨率不大于0.1°,最小检测角度不大于0.5°	—	○	○
			底座倾角	倾角传感器,可测量底座倾角,传感器分辨率不大于0.1°,最小检测角度不大于0.5°	—	○	○

表 1(续)

序号	设备	分项		配置建议	功能配置 (注:●配置 ○选配 —无)		
					初级	中级	高级
10	超前支架	传感器	采高	高度误差为±0.5%	—	○	○
			推移行程	检测推移液压缸行程,检测精度为±1 mm	—	●	●
		摄像仪		最低照度(彩色)为0.05 lx,分辨率为2 560×1 440。以太网光接口,TCP/IP传输协议,传输速率为10 Mb/s、100 Mb/s(自适应);摄像头具有自清洗功能;每架安装一台	—	○	○
		远程控制		具有远程控制护帮、降柱、移柱、升柱、推溜、闭锁等功能,远程控制响应时间不大于200 ms	—	●	●
11	自移机尾	电液控制		电液控制自移机尾	●	●	●
		自动移动		配置数字液压缸,实现精准推移;利用激光扫描仪对跑偏情况进行纠偏,实现自动移动	—	—	●
12	通信与网络	4G		国标	●	●	—
		5G		国标	—	—	●
		WiFi		① 用于采煤机、巡检机器人、手持移动终端的移动监控。信号连续、强度、带宽满足使用要求。 ② 应具有2.4 GHz或5.8 GHz频段的WiFi通信基站。传输距离为0~100 m	●	●	●
13	门禁系统	工作面门禁系统		生产时,防止无关人员进入智能化工作面	—	○	●

表 2　国家能源集团智能化掘进工作面配置建议表

项目名称	分项	配置建议	功能配置 (注：●配置 ○选配 —无)		
			初级	中级	高级
掘进设备	传感器	① 航向角误差不大于 0.15°； ② 翻滚角误差不大于 0.1°； ③ 俯仰角误差不大于 0.1°； ④ 升降角误差不大于 0.1°	—	○	●
	惯性导航系统	① 光纤 INS 纯惯性自主定位定向。陀螺：量程为 ±300°/s，稳定性小于 0.02°/h。加速度计：量程为 ±20g，稳定性小于 $5×10^{-5}g$。 ② 先进的动基座寻北能力，寻北时间不大于 5 min。 ③ 具备准备时间短、反应速度快、抗干扰、抗振动能力强等优点。 ④ 支持光纤 INS/GNSS 组合定位定向导航；方位角保持精度为 0.1°/h，姿态角保持精度为 0.03°/h。 ⑤ 工作电源：DC 20 V～DC 36 V（24 V 通电时最大电流不小于 1.2 A）。 ⑥ 防护等级为 IP65，工作温度为 —40～+60 ℃	—	○	●
	遥控器总成	① 具有远距离控制、信号显示、电量显示、急停设备、信号中断保护等功能； ② 电池工作时长大于 8 h，遥控距离大于 50 m，响应时间小于 100 ms	●	—	—

表 2(续)

项目名称	分项	配置建议	功能配置(注:●配置 ○选配 —无)		
			初级	中级	高级
掘进设备	远程控制	掘进机具有远程参数整定、程序修改、控制功能,延时不超过100 ms;掘进机具备接收其他设备数据的功能,作为掘进机控制的参数依据	○	●	●
	记忆截割	掘进机学习人工示范路径后,系统可以自动生成相同截割路径,并进入自动截割控制模式;系统需具有人工干预(记忆)模式、人工干预(不记忆)两种模式	○	●	—
	自适应截割	应用截割进给速度与截割负载相关的自适应截割技术,建立掘进机截割部控制系统模型,设计掘进机自适应截割控制算法,使截割电机在恒功率状态工作,提高截割效率;载荷识别正确率高于80%;仿形截割断面成形边界控制精度不大于 10 cm	—	●	○
	自主截割	具备自主感知方向、位置、姿态,自主纠偏功能;能根据不同巷道断面自主决策,自动规划截割工艺路径,具备巷道自动成型与自主截割功能,自主截割断面成形边界控制精度不大于 5 cm	—	—	●

表 2(续)

项目名称	分项	配置建议	功能配置 (注:●配置 ○选配 —无)		
			初级	中级	高级
钻锚设备	自动卷缆装置	自适应自动卷缆装置运行方向、运行速度,与锚杆钻车同步运动,变频控制,速度为0～30 m/min	○	●	●
	液压控制	采用自动钻架和锚杆钻车,具有本机操作钻机升、降、钻、锚、闭锁等功能	●	●	—
	电液控制	采用按钮式电液控钻机、锚索自动进给器等,具备顶板临时支护功能,实现锚杆作业流程自动化	○	●	●
	远程控制	具有自动确定锚护位置、自动钻孔、自动铺网、自动安装锚杆(索)、工况在线监测及故障诊断、锚固质量自检验等功能。钻机的运行压力、转矩、转速、进给速度实现远程显示,远程控制响应时间不大于200 ms	—	○	●
运输系统	运输系统	单条带式输送机具备完善的传感器、执行器及控制器,能实现单机自动控制	●	●	●
		采用变频或软启驱动方式	○	●	●
		具备完善的综合保护装置,能够根据监测结果实现综合保护装置的智能联动	●	●	●

表 2(续)

项目名称	分项	配置建议	功能配置(注:●配置 ○选配 —无)		
			初级	中级	高级
运输系统	带式输送机	多条输送带搭接,应具备多条输送带的集中协同控制功能,能够实现多机无人值守功能	○	●	●
		具备煤量、带速、温度等智能监测功能,采用智能张紧、可伸缩自移机尾	○	●	●
		实现远程控制和智能无人操控	—	○	●
		具备根据转载机煤量自动调节带速的功能	—	—	●
	转载机组	长度满足掘进需求,并具备过载保护功能	●	●	—
		能实现单系统或单设备的远程自动控制、工况在线监测、故障诊断功能	○	●	—
		具备防碰撞功能	—	○	●
	梭车	具备自适应自动卷缆、声光报警功能	●	—	
		具备可视化远程操控功能	—	○	●
		具备无人驾驶、智能运行功能;实现按规划路径自主行走,梭车行走控制精度不大于 100 cm,测距精度不大于 30 cm	—	○	●

表 2(续)

项目名称	分项	配置建议	功能配置 (注:●配置 ○选配 —无)		
			初级	中级	高级
运输系统	自移装置	配置巷道支护材料自移装置,材料架具备液控自移功能	○	●	●
		迎头带式输送机配置电液控制自移机尾,实现精准推移	○	●	●
	自动张紧	油缸压力传感器为 4～20 mA 电流信号、0～10 V 电压信号、检测范围为 0～60 MPa。行程传感器为 0.71～3.55 V 电压信号,检测范围为 0～330 mm	—	○	○
	刚性架自动安装	具备带式输送机刚性架自动安装功能,每组(3 m)安装时间不大于 5 min	—	○	●
	监测监控	具有单机、顺序、一键启停控制功能;具有监测电机电流、转速、绕组温度、变频器 IGBT 温度、变频器控制、故障显示等功能;具有系统冷却水检测,电机过流、过载、超温、欠压等保护功能	—	○	○
排水系统	自动抽排	具备单台水泵自动运行及无人值守功能	●	●	●
		具备远程集中控制,实现自动运行及无人值守功能	○	●	●
		根据固定作业点的水位情况实现智能抽排,可视化监控	—	○	●
		具备故障分析诊断及预警功能	—	○	●

表 2(续)

项目名称	分项	配置建议	功能配置(注:●配置 ○选配 —无)		
			初级	中级	高级
通风系统	变频调速	具备智能调速和远程集中控制功能	○	●	●
	远程控制	局部通风机具备远程监测功能	—	○	●
	切换闭锁	掘进工作面的局部通风机实现双风机、双电源,并能自动切换,根据环境监测结果实现风电闭锁、瓦斯电闭锁等	●	●	●
除尘系统	除尘器	实现自动运行及无人值守功能	○	●	●
		具备智能调速和远程集中控制功能	—	○	●
		具备与局部通风机智能联动,故障分析诊断及预警功能	—	○	●
供电系统	保护显示监测报警	具备智能防越级跳闸保护功能	●	●	●
		具备智能选择性漏电保护功能	●	●	●
		应配备组合开关,实现集中供配电,配合集控系统实现信息采集、上传等功能	○	●	●
		实现状态参数显示、巡检、故障录波存储、故障分析、智能告警等功能,对用电峰谷电量与能耗统计分析、电能质量监测	—	○	●
		采用智能开关和关键负荷电缆的测温和报警系统	—	○	●

表 2(续)

项目名称	分项	配置建议	功能配置 (注:●配置 ○选配 —无)		
			初级	中级	高级
集控中心	矿用隔爆兼本安型监控主站	① 具备视频和状态信息解析管理,计算机内嵌。 ② 工作电压:AC 127 V,工作电流不大于1 000 mA,传输距离为1 000 m(接力)。 ③ 微处理器:不小于四核2.0 GHz/2.8 GHz。内存:四代不小于8 GB。硬盘:固态硬盘不小于512 GB。显卡:独立显卡。 ④ 具有掘进机监控组态软件,数据延时小于100 ms,具有数据报表导出功能,历史数据自动保存	○	●	●
	矿用隔爆兼本安型监控分站	① 具备视频状态信息采集及无线传输功能,至少 4 路摄像仪供电。 ② 工作电压:AC 127 V。工作电流:不大于500 mA。传输方式:全双工,TCP/IP。传输速率:100 Mb/s、1 000 Mb/s(自适应)。传输距离为1 000 m(接力)	○	●	●
	矿用浇封兼本安型显示器	① 高清显示屏幕不小于24 in(1 in=2.54 cm)。 ② 工作电压:AC 127 V。 ③ 视在功率:不大于100 VA。 ④ 传输方式:TCP/IP	○	○	●

项目名称	分项	配置建议	功能配置（注：●配置 ○选配 —无）		
			初级	中级	高级
集控中心	矿用本安型键盘	① 具备专用防护内嵌鼠标、语音输入输出、数据拷贝功能。 ② 工作电压：DC 5 V。 ③ 工作电流不大于 180 mA	○	○	●
	矿用本安型云台摄像仪	① 具有视频采集、音频采集、角度调整、距离调整、红外补光等功能；水平角度为 0°～360°，垂直角度为 0°～90°。 ② 工作电压：DC 12 V。工作电流：不大于 1 500 mA。传输速率：10 Mb/s、100 Mb/s（自适应）。最低照度（彩色）：0.02 lx。分辨率大于 400 万像素。以太网光接口，TCP/IP 传输协议	○	○	●
	矿用本安型摄像仪	① 具有本安型设计、图像采集、红外补光、快接插头等功能。 ② 工作电压：DC 12 V。工作电流：不大于 900 mA。传输速率：10 Mb/s、100 Mb/s（自适应）。最低照度：彩色 0.05 lx。最大分辨率可达 1 920×1 080。以太网光接口，TCP/IP 传输协议	○	●	●
	视频监控主机	掘进设备、支护设备、转载设备、运输设备及各转载点都应配置摄像头；具有摄像头组态软件，视频信号延时小于 200 ms	—	●	●

表 2(续)

项目名称	分项	配置建议	功能配置(注:●配置 ○选配 —无)		
			初级	中级	高级
集控中心	语音通信系统	要求工作面应具有与集控中心直通的语音通信设备,具备语音对讲、录音、扩播功能	—	●	●
	视频监控系统	安装云台摄像机,具有地面、井下视频对讲功能	—	●	●
	三维地质模型	具备巷道掘进工作面三维地质模型构建功能,并根据掘进过程中揭露的实际地质信息与工程信息对模型进行实时动态修正	—	○	●
	巷道成形质量及状态监测	具有工作面边界报警功能,巷道成型准确,断面成型误差小于50 mm,有效防止超挖、欠挖现象,实现远程精准断面截割	—	○	●
	操作台	具有部件集成、分屏显示、全屏集中显示、语音输入输出等功能	●	●	●
		具备视频监控功能,实现掘进设备的远程操控和运输设备的启停控制。设备动作延时小于100 ms	●	●	●
		具备单机可视操控、成套设备一键启停、多机协同控制、供配电、无线数据网络管理及远程集中控制等功能	—	●	●

表 2(续)

项目名称	分项	配置建议	功能配置(注:●配置 ○选配 —无)		
			初级	中级	高级
集控中心	操作台	集控平台具备单机可视监控、多机协同控制、远程集中控制、一键启停、井上下视频对讲功能,具有供配电及设备状态监控、视频监测、无线数据网络管理等功能	—	○	●
机器人	喷浆机器人	混凝土的回弹率小于30%,保证喷层的质量	○	●	●
		采用折叠式智能型机械手用于长距离湿喷	○	●	●
		具备无线遥控功能,实现远距离遥控喷浆操作,随时自动调整添加剂配比	—	○	●
	管道安装机器人	具备常用管道抓举、搬运、码放等功能,并有辅助人工安装、拆卸管道等功能	—	○	●
		具备全功能无线遥控操作;电池工作时长大于 8 h,遥控距离大于50 m,响应时间小于 100 ms	—	○	●
通信与网络	4G	国标	○	●	●
	5G	国标	—	○	●

表 2(续)

项目名称	分项	配置建议	功能配置 (注:●配置 ○选配 —无)		
			初级	中级	高级
通信与网络	有线网络	① 有线主干网络用矿用以太网技术,符合 IEEE 802.3 标准,带宽不小于 10 000 Mb/s,支持 Ethernet/IP、PROFINET、Modbus RTPS、EPA 等工业以太网协议。 ② 二级交换接入网络应采用 1 000 Mb/s 以上工业以太环网,可形成子环网络自愈时间小于 30 ms,能通过以太网电接口或光接口接入矿井主干网络;矿用二级交换接入网络设备支持 Ethernet/IP、PROFINET、Modbus RTPS、EPA 等工业以太网协议,交换机应符合 GB 51024—2014 要求。 ③ 总线型接入网络应采用 RS485、CAN、PROFIBUS、LONWORKS、FF 等接口;采用电缆、光缆等传输介质,采用树形、环形、总线形、星形或其他网络结构	○	●	●
	WiFi	① 用于掘进机、手持移动终端的移动监控;信号连续、强度、带宽满足使用要求。 ② 应具有 2.4 GHz 或 5.8 GHz 频段的 WiFi 通信基站。传输距离为 0~100 m	—	○	●

表 2(续)

项目名称	分项	配置建议	功能配置(注:●配置 ○选配 —无)		
			初级	中级	高级
通信与网络	接口与协议	以太网接口,Ethernet IP/Modbus TCP/IP 协议	—	●	●
防侵入系统	电子围栏	实现人员精确定位,具备危险区域人员接近识别与报警功能,人员接近保护精度不大于 30 cm	—	○	●

表3 国家能源集团井工煤矿灾害预警配置建议表

序号	设备	分项	配置建议	功能配置 (注：●配置 ○选配 —无)		
				初级	中级	高级
1	透明地质系统	软件功能与数字化工程	历史资料数字化	收集应用矿井已有的钻探、三维地震、物探、化探、测量、变形、位移、地表沉陷和岩移观测等数据，重新数字化各种与地质、测量、水文、储量有关的平面图、剖面图、素描图、物探成果解析图等并配置属性，通过分析、对比、校验、补探、补测等数据进行入库，并由数据库再生成图，得到完善的、准确的、可再利用的煤岩层、地质构造、井巷工程、采空区、帷幕等矿井地测历史资料和图库关联的数字化空间信息库系统	●	●	●
			动态数据适时更新	利用现代测量和探测手段，或由人工适时获取采煤工作面、掘进工作面的当前位置、几何参数、煤层和围岩参数，以及富水区、地质构造、瓦斯聚集区、应力集中区、发火区的超前勘探资料等，适时动态填库和填图，保持数字化空间信息库的持续更新	●	●	●
			构造地质几何建模	通过底板指向厚度数据结构、建模算法和完整的三维地质建模软件，综合利用包括钻探、物探、化探、遥感，以及空探、地探、巷探和采掘揭露数据的优缺点，创建出相对精确的三维或四维地质几何模型	—	—	●

序号	设备	分项	配置建议	功能配置（注：●配置 ○选配 —无）		
				初级	中级	高级
1	透明地质系统	软件功能与数字化工程	扰动地质及力学建模	应首先根据精细的采掘空间三维几何模型，以及开采扰动的范围、三维地震的解释结果和岩样力学测试结果得到的地震波波速模型，通过几何计算得到波速属性的空间分区；再通过各拾震器地震波初到时的自动识别，以及震源的精确定位和波速反演联合优化算法得到比较精确的震源位置和各分区的纵波和横波波速，从而反演出各分区的弹性模量和泊松比；最后，根据原岩力学参数测试结果和矿压、应力等监测数据，求出各区的损伤变量和破裂状态，再根据各力学参数之间的数学关系反演出扰动后地质体的各种变形和力学参数，为地质扰动结果的动态预测提供技术和数据支撑	—	—	●

表 3(续)

序号	设备	分项	配置建议	功能配置 (注:●配置 ○选配 —无)		
				初级	中级	高级
1	透明地质系统	软件功能与数字化工程	瓦斯地质建模			
			瓦斯地质建模应充分考虑到煤层瓦斯赋存区分布的连续分布型、分形分布型、构造依附型、随机分布型以及各种瓦斯运移形式等,通过不断的监测、收集和记录取样点和吸附性试验、钻场及放散初速度、钻屑量及涌出初速度、掘进面、回采面、巷道煤壁、瓦斯抽采、运输过程的瓦斯释放量以及原煤到地面的残存瓦斯量,建立多源多态大数据库,通过建立基于大数据的煤层瓦斯参数反演模型,利用确定型分析方法、统计型分析方法、机器学习分析方法等进行联合反演,能较准确地、动态地预测煤层中瓦斯压力和瓦斯含量分布,结合地质模型和开采破坏规律,建立透明瓦斯地质模型,为采掘过程中的瓦斯涌出量预测、瓦斯突出的精准预警和瓦斯抽采设计提供科学依据	●	●	●

表 3(续)

序号	设备	分项		配置建议	功能配置 (注:●配置 ○选配 —无)		
					初级	中级	高级
1	透明地质系统	软件功能与数字化工程	水文地质建模	利用各种探测数据,建立与水文有关的地质模型和采动空间三维模型;建立水文地质勘察试验静态数据库,该数据库包括钻探的简易水文资料、各种电法和磁法的物探资料、抽水试验资料和水质化验等成果;建立包括降雨量、径流、观测井(孔)、涌水量等在内的水文监测动态数据库;集成地应力、微震、电磁辐射、瞬变电磁等与水文相关的监测数据;搭建时空水文辨识、预测、预报和预警信息管控平台,实现各含水层、隔水层的厚度、赋存状态(潜水、承压、无压),各含水层、富水区的位置、产状、水压、静水水位和残余水位的分布,以及抽水井、涌水区和涌水点流动形式(稳定流动、非稳定流动、大井法流动、集水廊道流动等)及流动参数(渗透系数、影响半径等)的动态反演,实现导水通道、注浆通道的动态识别和可视化	●	●	●

表 3(续)

序号	设备	分项	配置建议	功能配置 (注:●配置 ○选配 —无)		
				初级	中级	高级
1	透明地质系统	软件功能与数字化工程	火区地质建模	根据煤层自燃倾向和自然发火期,以及煤层和采空区的温度、甲烷(CH_4)、一氧化碳(CO)、二氧化碳(CO_2)、氢气(H_2)、氧气(O_2)、氮气(N_2)、乙炔(C_2H_2)、乙烯(C_2H_4)、丙烯(C_3H_6)、乙烷(C_2H_6)、丙烷(C_3H_8)、丁烷(C_4H_{10})及围岩的温度的监测数据分析和反演煤层的温度、发火状态,并可视化	●	●	●
			综合地质模型和地质隐蔽属性透明表达	综合上述技术成果,动态建立精准的四维(空间+时间)地质几何体模型,实现包括地质体的各种物理和化学参数(包括煤质参数、力学参数、瓦斯参数、水文参数)等地质属性的可视化,并让这些地质属性随时依附到地质几何模型的每个空间坐标点,通过四面体网格剖分和等值面圈定,进一步利用点渲染、面渲染和体渲染技术进行多层次、多形式的着色和渲染,建立完整的、全息的透明地质体,并可进行各种剖切、透视和叠置分析等可视化操作,为精准预警奠定信息基础	—	—	●

序号	设备	分项	配置建议	功能配置（注：●配置 ○选配 —无）		
				初级	中级	高级
2	煤矿重大灾害监测系统	矿压和地应力监测	矿压传感器在支架上的布置密度必须能够实时计算出每个（或每组）支架的受力状态，以便分析出每个时刻整个采煤工作面顶板的压力分布；矿压传感器以三轴地应力传感器为宜，其布置要以能够分析出巷道或工作面围岩塑性区、弹性区和原始应力区及应力峰值位置为准	○	●	●
		水文和水质监测	为了能够计算和反演每个含水层和富水区水压的动态分布和涌水点的水压值，要求在涌水点布置压力传感器和流量传感器，在相应的含水层或富水区布置静态和动态水位传感器，无论是通过观测井还是观测孔，均要求布置在相应的涌水点（区）的影响半径之内。必要时，还要定期对富水区和涌水水质进行监测或化验并入库	●	●	●

表 3(续)

序号	设备	分项	配置建议	功能配置(注:●配置 ○选配 —无)		
				初级	中级	高级
2	煤矿重大灾害监测系统	矿震和微震监测	微震传感器应该是全频段(0~1 500 Hz)的振动传感器,否则就要通过矿震、微震、地音进行组合监测。微震传感器的布置可分为一维监测、二维监测和三维监测,其原则是:一维监测至少2个传感器,用于监测一条线上的震源信息;二维监测至少3个(不在同一直线上)传感器,用于监测一个空间平面上的震源信息;三维监测至少4个(不在同一平面上)传感器,用于监测三维空间上的震源信息;其余的传感器可用于波速的反演	●	●	●
		瓦斯抽采监测	要求瓦斯抽采系统中的流量传感器的布置位置和监测参数以能够计算出每个钻场的纯瓦斯流量、每个钻场不同类型组(可按顺层孔、穿层孔、平行孔、扇形孔及孔的倾角、方位、直径和长度分组)的纯瓦斯流量,宜测算出每个抽放孔的动态瓦斯流量和孔口负压	●	●	●

表 3(续)

序号	设备	分项	配置建议	功能配置 (注:●配置 ○选配 —无)		
				初级	中级	高级
2	煤矿重大灾害监测系统	风流瓦斯监测	风流中的瓦斯浓度传感器数量和位置选择要能够区分出工作面进风侧、工作面中、工作面回风侧、上隅角以及回风巷裸露煤壁的瓦斯涌出状况,必要时还要测试每个工作面不同空间位置所采煤到地面的残余瓦斯含量	●	●	●
		火灾和热动力监测	应能监测风流的一氧化碳(CO)浓度、二氧化碳(CO_2)浓度、温度、烟雾、氧气(O_2)浓度、壁温,井巷发生火灾后,还能够实时监测通过火区的风量以及火区进回风测的温度;应能监测煤层和采空区的漏风、温度、甲烷(CH_4)浓度、一氧化碳(CO)浓度、二氧化碳(CO_2)浓度、氧气(O_2)浓度、氮气(N_2)浓度、乙炔(C_2H_2)浓度、乙烯(C_2H_4)浓度、乙烷(C_2H_6)浓度、丙烷(C_3H_8)浓度及围岩的温度;宜实现参数分布式连续监测	●	●	●
		其他辅助监测	包括顶板离层、位移、巷道变形、钻屑量、瓦斯放散初速度和涌出初速度监测,随采随掘的钻探和物探应满足相关行业规范和灾害防治细则要求	●	●	●

表 3(续)

序号	设备	分项	配置建议	功能配置（注:●配置 ○选配 一无）		
				初级	中级	高级
2	煤矿重大灾害监测系统	接口与协议	所有监测系统必须提供原始数据开放接口,例如,微震监测系统必须提供波形文件格式和传输接口	●	●	●
3	煤矿灾害预警系统	多因素多指标增信预警	通过建立一系列的数学模型和算法,实现监测数据的分解、滤波、增强、辨识、插补、反漂移和重建,实现对采集到的各种表象信息进行识别,去伪存真,利用大数据和相关行业规程及灾害防治细则建立各种因素的分级预警指标,利用增信方法对单因素指标进行融合,消除加权方法的缺陷,提高预警准确率,实现分区分级预警。预警准确率应达到75%	●	●	●
		多因素多指标模态预警	在多因素多指标增信预警的基础上,进一步考虑时间效应、演化过程及灾害的发生机理概化模型,建立模态预警指标,利用增信方法对单因素模态指标进行融合,提高灾害的预测预报能力,实现分区分级预测预报和预警,使预警准确率达到85%	一	○	●

表 3(续)

序号	设备	分项	配置建议	功能配置 (注:●配置 ○选配 —无)		
				初级	中级	高级
3	煤矿灾害预警系统	预警服务和预警信息发布	通过建立"云-边-端"分布式计算服务架构,其中:云——利用互联网大数据不断收集事故案例,完善灾害突变判别式和修正预警指标;边——利用分布式处理器分别进行微震定位计算、矿压数据分析、水文监测反演等;端——各种监测系统智能化分析和自我诊断等。服务端:通过定制服务,利用有线网、无线网,向大屏、PC端和移动端实时推送和发布预警信息	●	●	●

表 3(续)

序号	设备	分项	配置建议	功能配置(注:●配置 ○选配 —无)		
				初级	中级	高级
3	煤矿灾害预警系统	"全息-本源-模态"精准预警	在多因素多指标模态预警的技术上,充分利用透明地质模型的空间信息、生产数据和各种监测数据的全息数据库,通过一系列数学力学计算模型,实现从微震、点应力、矿压、位移、电磁辐射、瓦斯浓度、瓦斯流量、涌水量、水位、水压和水质等表象信息到围岩应力分布、开采扰动的几何形变、瓦斯压力分布、富水区水压分布以及煤层和围岩的孔隙度、抗压强度、抗拉强度、弹性模量、抵抗线等本源信息的动态反演,以及涌水水源和导水通道演化过程的在线识别。建立本源因素及灾害发生可能性的机器学习模型,利用"全息-本源-模态"方法对冲击地压、煤与瓦斯突出、突水透水、顶板及火灾进行预测预报和分级预警,使预警准确率达到 90%。根据具体矿井的灾害类型针对性布置相应的感知设备,预警的同时要求具备溯源功能,分灾种为矿井灾害精准治理提供决策依据	—	—	●

表 4　国家能源集团智能通风配置建议表

序号	设备	分项		配置建议	功能配置（注：●配置 ○选配 —无）		
					初级	中级	高级
1	主要通风机	硬件	传感器 动叶角度监测	提供第三方监测接口	—	—	●
			风量	提供第三方监测接口	●	●	●
			风速	提供第三方监测接口	●	●	●
			风压	提供第三方监测接口	●	●	●
			温度	安装轴温和定子温度传感器，并提供第三方监测接口	●	●	●
			振动	安装水平和垂直振动传感器，并提供第三方监测接口	●	●	●
			频率	监测供电频率和风机转速，并提供第三方监测接口	●	●	●
			变频调速装置	有变频调速装置，实现远程调节，并提供第三方调节接口	—	●	●
			动叶角度在线调节装置	有动叶角度在线调速装置，实现远程调节，并提供第三方调节接口	—	—	●
		软件	在线倒机	实现一键倒机	—	●	●
			故障诊断	可实现在线故障诊断	●	●	●
			最优调节	可根据工况点的风量和风压，自动选择最优转速和动叶角度，实现在线调节	○	○	●
			接口与协议	所有的监测、控制和状态诊断提供开放的 PLC、OPC、RS485 或 Modbus 接口	●	●	●

表 4(续)

序号	设备	分项		配置建议	功能配置(注:●配置 ○选配 —无)		
					初级	中级	高级
2	局部通风机	硬件	传感器	风速	监测范围为 0.1～30 m/s,并提供第三方监测接口	●	●	●
				振动	安装水平和垂直振动传感器,并提供第三方监测接口	●	●	●
				风量	可以监测风筒风量,并提供第三方监测接口	●	●	●
				温度	安装轴温和定子温度传感器,并提供第三方监测接口	●	●	●
			开停控制器	安装开停监控装置,并提供第三方监控接口	●	●	●
			变频调速装置	有变频调速装置,实现远程调节,并提供第三方调节接口	●	●	●
3	风门	硬件	监测设备	开度传感器	可以准确监测风门的开关状态和开度	○	●	●
				红外传感器	可以监测行人情况	●	●	●
				测速雷达	可以监测 0～30 km/h 的车速	—	○	○
				智能摄像头	可以识别行车行人情况,并提供第三方数据接口	—	○	●
			声光报警装置	可以设定报警形式	●	●	●
			驱动装置	具有气动或液动开关驱动设备和电磁阀控制接口	●	●	●
			自动控制装置	提供控制装置,可以集成监测设备、驱动装置和监控软件,实现手动、半自动和全自动开关控制	●	●	●

表 4(续)

序号	设备	分项			配置建议	功能配置 (注:●配置 ○选配 一无)		
						初级	中级	高级
3	风门	软件	风门监控软件		集成监测设备和控制器,可以进行就地监测、控制、状态切换、初始化、故障诊断和报警	●	●	●
					提供第三方远程监控接口用于远程自动监控	一	●	●
4	风窗	硬件	监测设备	推拉风窗开度	安装直线开度传感器,测试误差小于1%	●	●	●
				百叶风窗开度	安装转角开度传感器,测试误差小于1°	●	●	●
				卷帘风窗开度	安装直线开度传感器,测试误差小于1%	●	●	●
			驱动装置		宜采用精准的步进电机驱动设备和控制接口	●	●	●
			自动控制装置		设置风窗开启面积监测设备、就地调控设备、远程调控设备和应急调控设备	●	●	●
		软件	风窗监控软件		集成监测设备和控制器,可以进行就地监测、控制、状态切换、初始化、故障诊断和报警	●	●	●
					提供第三方远程监控接口用于远程自动监控	一	●	●
5	风流监测	风速传感器			量程为 0.1～25 m/s,灵敏度为0.1 m/s	●	●	●
		其他监测			主要地点应有绝对大气压、温度、湿度监测传感器	●	●	●

表 4(续)

序号	设备	分项	配置建议	功能配置 (注:●配置 ○选配 —无)		
				初级	中级	高级
5	风流监测	设备	可以集成4~8个传感器,并对监测数据进行分析、滤波、校核等预处理	●	●	●
		软件及接口	提供第三方监测接口用于远程自动监测	●	●	●
6	软件平台	建模与初始化	三维建模 建立地形、地质、井巷、硐室、工作面、通风设施模型	—	—	●
			通风系统图绘制 绘制通风系统平面图和立体示意图	●	●	●
			建立风网结构和网络图 对通风系统平面图进行拓扑编号,配置属性并生成网络图,建立风网库模型	●	●	●
			进行精准阻力测定和数据处理 通过全局精准阻力测定和平差计算,完善风道属性,建立通风GIS系统	●	●	●
			建立风速监测计算模型 对每个安装好的风速传感器进行测试,建立其所在巷道平均风速计算模型	●	●	●
			建立风阻调节设施计算模型 对每个安装好的调节风窗建立开度和风阻增量的计算模型	●	●	●
			建立主要通风机曲线模型 通过测试建立个体特性曲线与转速、叶片角度的关系模型	●	●	●

序号	设备	分项	配置建议	功能配置（注：●配置 ○选配 —无）		
				初级	中级	高级
6	软件平台	系统分析与维护	自然分风解算功能	在已知各风道风阻、自然风压和风机特性曲线条件下，进行分风解算，从理论上要保证算法的收敛性	●	●	●
			按需分风计算功能	在部分风道风量、风压或风阻固定时，计算未知风道的风阻、风量和风压，从理论上能分析解的存在性和算法的收敛性	●	●	●
			调节方案优化功能	对于给定的需风点风量和调节点位置，可以计算出功率消耗最小和最大限度满足需风的调节方案	●	●	●
			灵敏度和可靠度计算	计算每条风道的灵敏度和可靠度，以及通风系统可靠度，评价风流的稳定性	●	●	●
			优化监测点布置方案	根据灵敏度和可靠度计算结果进行布局，满足通风系统的可测性	—	●	●
			优化调控设施布置方案	根据灵敏度和可靠度计算结果进行布局，满足通风系统的可控性	—	●	●
			建立需风量预测模型	根据地质模型、开采工艺和历史记录，建立回采面和掘进面的需风量预测模型	—	○	●
			进行需风量计算	按照《煤矿安全规程》及现场实际（可人工输入参数）自动计算需风	●	●	●
			更新通风系统图	根据井巷工程的变更和工作面的增减调整系统图，并更新风网库	●	●	●
			调整通风网络图	根据系统图更新网络图	●	●	●

表 4(续)

序号	设备	分项	配置建议	功能配置 (注:●配置 ○选配 —无)		
				初级	中级	高级
6	软件平台	智能调控与可视化				
		通风系统状态识别	可自动识别风道的风阻、自然风压和设施状态	—	—	●
		需风量超前预计	根据空间数据、进尺数据、监测数据、车辆和人员位置数据实时预测各用风点的需风量	—	—	●
		实时分风解算	进行实时分风解算,显示各风道的风阻、风量和风压	—	—	●
		进行在线预警	对瓦斯、温度、湿度、一氧化碳浓度、粉尘超限、风量不足、风速超限、风流短路等进行预警	●	●	●
		故障诊断	对风机、风筒、构筑物可能出现的故障和缺陷进行诊断并报警	●	●	●
		正常时期最优调节	正常时期自动计算最优调节方案,人工就地调节	●	●	●
		灾变时期最优控风	灾变时期自动给出最优控风方案,人工就地控制	●	●	●
		正常时期最优调节	正常时期自动计算最优调节方案,人工远程调节	—	●	●
		灾变时期最优控风	灾变时期自动给出最优控风方案,人工远程控制	—	●	●
		正常时期最优调节	正常时期自动计算最优调节方案,并实现远程自动调节	—	—	●
		灾变时期最优控风	灾变时期自动给出最优控风方案,并实现远程自动控制	—	—	●

表 4(续)

序号	设备	分项	配置建议	功能配置 (注:●配置 ○选配 —无)		
				初级	中级	高级
6	软件平台	智能调控与可视化				
		局部示意图组态	通过二维组态动画显示主要通风机、局部通风机、风门、风窗的状态和实时参数	●	●	●
		二维 GIS 组态	在二维 GIS 图上动态显示实时数据、风流方向和设施状态	●	●	●
		真三维组态	在三维空间模型上以真实坐标和场景上动态显示实时数据、风流方向和设施状态	—	○	●
		集成安全监测监控系统	除了风速之外,还要集成瓦斯、温度、湿度、气压、一氧化碳浓度、二氧化碳浓度、粉尘等监测数据,为通风状态识别、需风量预测和通风效果评价提供数据支撑	—	●	●
		集成部分工业自动化系统	集成各硐室、工作、巷道等地点设备开机功率和采掘面位置数据,为通风状态识别、需风量预测和通风效果评价提供数据支撑	—	○	●
		集成精确人员定位系统	为计算各地点人数、需风量预计、控风决策提供实时数据	—	○	●
		集成精确车辆定位系统	为计算活塞风影响、一氧化碳浓度、尾气排放和风流控制提供基础数据	—	○	●

表5 国家能源集团固定岗位无人值守配置建议表

系统	分项			配置建议	功能配置（注：●配置 ○选配 —无）		
					初级	中级	高级
主运输系统	硬件	本地控制箱		具有检修、手动、自动功能，对单条胶带和转载机、给煤机等进行检修控制，并与远程集中控制箱实时数据通信	●	●	●
		操作台		具备对整个系统的控制和监测功能，显示设备的运行状态，可对现场所有设备进行集中控制，与集中控制箱实时数据通信	●	●	●
		集中控制箱		可控制所有设备并采集数据，与操作台、本地控制箱、监控平台等进行数据交换	●	●	●
		传感器	速度	实现带式输送机低速打滑、超速等保护	●	●	●
			堆煤	当煤触及煤位传感器的触头并推动触杆偏离中心线时，传感器动作，自动切断运输机电源，实现堆煤保护	●	●	●
			防跑偏	跑偏传感器通过开关量节点的变化来判断胶带是否跑偏，发出跑偏信号，实现胶带跑偏检测和保护	●	●	●
			防纵撕	当胶带纵向撕裂，控制系统保护装置主机切断带式输送机电源，实现撕带保护	●	●	●
			拉线急停	发现紧急状况时，可对系统进行紧急停车，需要手动复位	●	●	●
			烟雾	对胶带因摩擦发热或其他原因产生的烟雾进行检测，当气体烟雾超标时，报警保护	●	●	●

表 5(续)

系统	分项		配置建议	功能配置 (注:●配置 ○选配 —无)		
				初级	中级	高级
主运输系统	硬件	传感器 温度	对带式输送机的驱动电机绕组温度、减速器的轴承温度、油温等实行超温保护,监测温度升高到一定的时候,传感器的动作输出信号保证系统安全	●	●	●
		拉线急停闭锁	拉动信号电缆,实现急停,并显示急停位置	●	●	●
		语音预警	具备语音预警功能	●	●	●
		通信扩播电话	设备就地控制点配置扩播电话,实现人员对话及设备启停预警	●	●	●
		可视化监控系统	实现现场视频实时监控、回放等监控基本功能	●	●	●
			具备防止人员闯入电子围栏功能	○	●	●
		给煤机智能控制	给煤机具有远程控制功能,可根据仓位、视频信号、带式输送机负荷等实时调整放煤量	○	●	●
		智能集中润滑	根据油位、油压、油质等传感器监测判断,实现自动注油	○	●	●
		油脂在线监测	实现齿轮油在线监测,替代取油样工作任务	○	●	●
		钢丝绳芯带面无损检测	钢丝绳绳芯在线监测,及时分析判断绳芯是否完好	○	●	●
		现场机器人巡视	现场机器人巡视	○	●	●
		人工智能视频系统	实现跑偏/大块煤/堆煤/异物识别报警等功能,识别人员违规作业智能监测分析	○	○	●

表 5(续)

系统	分项	配置建议	功能配置 (注:●配置 ○选配 —无)		
			初级	中级	高级
主运输系统	硬件	永磁同步直驱	应用永磁同步直驱带式输送机	○	○	●
		智能除铁	对煤流中的铁器自动识别,做到智能除铁	○	○	●
		煤流均控制	根据煤流大小、方向、煤仓煤位进行煤流均衡智能控制	○	○	●
	软件	① 系统具备集中控制,手动、检修功能;② 具备胶带状态信息监控及故障记录功能;③ 监测系统可以实时显示并保存各种参数及状态,对于模拟量参数可进行图形曲线显示,可随时查看历史数据;④ 系统具有通信和故障报警功能;⑤ 系统留有通信接口,实现与矿井一体化管控平台集成	●	●	●
			实现系统智能管理,通过设定预警值对设备的健康管理进行评估分析,启动不同级别的报警信号,由巡视检修向状态检修,实现对主运输系统的人工智能决策,柔性控制	○	○	●
	变电所		实现供电系统远程集中控制,可视化监控,变电所无人值守	●	●	●
			供配电系统应实现高(低)压电气设备遥信、遥测、遥控、遥调、遥视信息在线监测及远程实时传输和可视化监控,遥控功能必须具备防误操作和远程闭锁功能	●	●	●

系统	分项	配置建议	功能配置（注：●配置 ○选配 —无）		
			初级	中级	高级
变电所		具备数据采集、运行监视和峰谷电能计量、能耗统计功能,软件接口开放,具备接入矿井一体化管控平台功能	●	●	●
		具备操作安全闭锁和电子挂牌、远程漏电试验、要害场所安全管控功能	○	●	●
		具备绝缘监测、在线电能质量分析、防越级跳闸、自动故障定位、快速故障隔离等功能	○	●	●
		井下主要机电硐室机器人巡检	○	●	●
		具备供电系统无缝切换、自动防灭火、操作安全闭锁和电子挂牌等功能	○	○	●
		全矿井一体化管控平台建立供电系统智能管理模块,具备智能告警、智能调度功能,实现对全部开关设备的机械特性分析、电气特性分析、温度特性分析等,通过采集设备的状态信息,对现场设备的健康状态进行分析,根据分析结果,启动不同级别的报警信号	○	○	●
水泵房		实现各排水设备远程集中控制,可视化监控,水泵房无人值守,具备两种可靠的引水装置及双水位双报警功能,有远程、就地自动、就地手动三种控制方式	●	●	●
		开放接口,具备接入矿井一体化管控平台功能	●	●	●

表 5(续)

系统	分项	配置建议	功能配置 (注:●配置 ○选配 —无)		
			初级	中级	高级
水泵房		实现主供水系统设备的智能运行,通过对水泵运行参数的监测,实现水泵远程监控	●	●	●
		排水设备具备在线点检、智能集中润滑功能;具备多水平阶梯式联合排水智能监控功能	○	●	●
		排水系统与水文监测系统联动预警与控制	○	●	●
		水泵房机器人巡检	○	●	●
		可根据涌水量自动调节排水泵运行台数,自动切换排水管路,能在线检测主排水系统工序能耗,实现多台泵自动轮换工作控制	○	○	●
		通过压力、液位、振动、流量等多传感器和各系统数据融合实现按需供水	○	○	●

表6 国家能源集团智能一体化管控平台配置建议表

序号	设备	分项	配置建议	功能配置(注：●配置 ○选配 —无)		
				初级	中级	高级
1	生产执行	平台底座	具备一体化门户、统一身份管理及认证服务、煤炭生产主数据管理、统建系统统一接口、统一功能授权与关键操作审计、工控安全数据交换、移动服务、微服务等功能	●	●	●
		生产运营	实现安全生产运行监测、生产运营监测、一体化生产运营管理、协同评价管理等功能	○	○	●
		生产接续	实现生产接续计划、设备配套计划的图形化管理功能	●	●	●
		生产管理	实现地质资源管理、生产计划管理(矿务工程计划、搬家倒面计划、防治水计划和月生产作业计划等)、生产作业管理(掘进作业、回采作业和产量进尺测量等工作)、地质防治水管理、搬家倒面管理、矿务工程管理、地勘工程管理、矿图管理、技术管理、证照管理等功能	●	●	●
		调度管理	实现调度人员日常值班、交接班、领导带值班、区队带值班、三班滚动、领导指示、生产完成情况监控、调度日志记录、调度记录管理、调度安全生产标准化、生产联动分析、来文管理、生产辅助管理(供电、供水等)、生产报表、一体化协同调度指挥等功能	○	●	●

表 6(续)

序号	设备	分项	配置建议	功能配置（注：●配置 ○选配 —无）		
				初级	中级	高级
1	生产执行	机电管理	实现设备台账管理、检修计划管理、点巡检管理、检测检验管理、缺陷故障管理、设备运行监测、业务联络单管理、整改通知单管理等功能	●	●	●
		一通三防	实现矿井通风管理、瓦斯防治管理、防灭火管理、粉尘防治管理、安全监测设备管理等功能	●	●	●
		应急管理	实现信息接报、信息汇聚、研判分析、协调指挥、应急恢复、信息发布、应急值守、应急资源、应急预案、应急演练、案例管理、舆情监测、应急评估等功能	○	●	●
		安全管理	实现危险源基础信息管理、危险源管控、检查工单管理、检查问题汇总、一般隐患管理、重大隐患管理、隐患排查台账管理、行为安全管理、风险评估与危险源管理、考核评价、安全综合管理等功能	●	●	●
		环保管理	实现在线监测、数据采集、达标排放、监测报表、生态监测、隐患管理等功能	●	●	●
		煤质管理	实现自采煤计划管理、外购煤计划管理、仪器设备管理、煤质检验化验管理、煤质监管、统计分析、综合管理、煤质预测等功能	●	●	●

表 6(续)

序号	设备	分项	配置建议	功能配置(注:●配置 ○选配 —无)		
				初级	中级	高级
1	生产执行	分选管理	实现分选计划管理、日生产信息管理、装车外运管理、煤仓信息管理、场仓存煤管理、煤用防冻液管理、分选系统启停机情况管理、破碎站实时生产能力管理、装车系统启停机情况管理、生成分选综合报表等功能	●	●	●
		班组管理	实现安全生产、降本增效、考核评价、学习培训、民主创新、现场管理、班组运营等功能	○	●	●
		生产大数据分析	基于大数据分析,通过研究实现算法模型,实现生产过程优化、设备预知性维护、成本精益分析、运营态势预测、风险实时预警、经营决策优化、绩效动态评估等	—	○	●
		智能运输安全生产监控	适用露天煤矿。具备生产过程中车辆实时监控、车铲智能调度、不安全行为报警与视频查看、车辆违规报警、报表统计等功能。车载安全系统还包括驾驶员行为分析系统、360°全景监视、防碰撞系统、盲区监测等	○	●	●
2	生产集中控制	集中监测	全面实现综采、掘进、运输、排水、供水、供电等监控子系统数据采集,实时显示设备的运行参数、工作状况以及报警信息,同时要求显示画面为矢量画面,可以无极缩放展示	●	●	●

表6(续)

序号	设备	分项	配置建议	功能配置 (注:●配置 ○选配 —无)		
				初级	中级	高级
2	生产集中控制	远程控制	实现对综采、掘进、运输、排水、供水、供电等监控子系统设备的启、停以及运行闭锁、故障解除等远程控制,并可对设备参数进行远程调整	●	●	●
		视频监控	将生产视频信息接入生产集中控制系统,远程访问视频信息,可直接通过生产集中控制系统监控摄像头视频信息	●	●	●
		分级预警	实现分级、分类报警,并支持历史报警的查询,通过报警信息可直接切换到该报警对应的工艺画面	○	○	●
		主题展现	能够根据生产、安全、工作面以及运转等方面进行主题展现,以合理的形式使各个生产系统、关键安全信息、工作面设备信息以及主运输信息直观展现	○	●	●
		智能感知	结合煤矿云计算数据中心、人工智能以及机器人应用,准确判断环境、设备、人员状态和健康程度	—	—	●
		智能分析	结合煤矿云计算数据中心,可精准快速识别设备异常状态,智能分析设备磨损情况,统计设备日常使用时间及负荷情况	—	●	●
		智能联动	具有联动配置功能,根据系统实际进行相应的配置实现子系统之间的信息与控制联动	—	●	●

表 6(续)

序号	设备	分项	配置建议	功能配置(注:●配置 ○选配 —无)		
				初级	中级	高级
2	生产集中控制	智能预警	具备提供生产系统故障预警、发生位置、故障影响等功能,同时具备以预警为实践驱动,以报警联动为系统主动呈现逻辑的功能,变被动监控为主动监控	—	○	●
		诊断及辅助决策	能够准备判断设备故障原因,提供设备检修方案,进行检修人员配置、设备剩余寿命预测等	—	○	●
		人工智能应用	具有人工智能识别与分析能力,提供智能识别、过程分析和故障预警等服务	—	●	●
		机器人应用	具有接入机器人的能力,实现机器人的远程集中监控与管理	—	○	●
		接口与协议	提供标准协议的数据采集、控制接口程序,如 OPC、MQTT、Modbus 协议等,并对采集接口进行管理,将底层设备数据采用集团统一 EIP 标准协议接到煤矿生产控制系统中	●	●	●
3	安全集中监测	安全监控 实时监测及报警	具备对甲烷浓度、一氧化碳浓度、二氧化碳浓度、氧气浓度、粉尘浓度、风速、风压、温度、烟雾、断电状态、馈电状态、风门状态、风筒状态、风窗状态、局部通风机状态、主要通风机状态等综合监测能力	●	●	●
		硫化氢监测	具备对硫化氢浓度局部监测能力	—	○	○

表 6(续)

序号	设备	分项	配置建议	功能配置（注：●配置 ○选配 —无）		
				初级	中级	高级
3	安全集中监测	安全监控 — 闭锁控制策略	具备甲烷超限声光报警、断电和甲烷风电闭锁控制、煤与瓦斯突出报警和断电闭锁控制的控制策略制定，并将策略指令下发至生产集中控制的能力	●	●	●
		GIS融合	具备与GIS技术融合能力，相应的监测设备(传感器、分站)坐标系应与本矿井地测所采用坐标系保持一致	●	●	●
		融合联动	具备与人员定位、应急广播系统、通信等系统的应急联动能力	●	●	●
		分级报警	具备根据监测阈值、报警区域范围、报警持续时长等条件分级报警能力；具备区分伪数据及异常数据能力	—	●	●
		数据服务	具备根据集团发布相关标准协议采集智能感知装备、矿山环境、人员、车辆、视频等实时数据的能力，且具备与上下级业务平台进行数据交互、联动预警的能力	○	○	●
		智能化功能 — 灾害量化分析	具备通过建立重大灾害演化及致灾机理定量分析，融合各类监测和报警信息，具备多系统、多参量综合模态化预警能力	—	●	●
		智能预警模型	应构建重大灾害智能预警指标和模型，具备基于大数据和人工智能的重大灾害预警动态分析，为预警、灾害预防提供相应的决策信息能力	—	●	●

表 6(续)

序号	设备	分项	配置建议	功能配置 (注:●配置 ○选配 —无)		
				初级	中级	高级
3	安全集中监测	智能化功能 · 灾害三维可视化	建立包括采空区、异常区、断层、保护煤柱等三维空间模型,三维透明地质和四维采动空间模型,融合 GIS 的预警生态系统,具备重大灾害三维可视化展示能力	—	—	●
		灾害定位	制定煤矿重大灾害预警生态系统模型及资源共享标准,基于安全信息资源共享管理,实时获取矿井主要灾害本源参数,具备对灾害本源的精准定位能力	—	—	●
		区域安全态势分析	针对各矿区自身的环境构造、灾害类型特点,建立"区域安全态势智能分析系统",实现针对性地根据矿区自身的灾害类型分区、分级预警的能力	—	—	●
		超前预报	建立基于大数据和人工智能的重大灾害风险智能分析模型,构建灾害精准预警系统和专家决策平台,结合灾害实时监测、智能预警模型、基础预警平台,具备灾害预测、超前预报能力	—	—	●
		人员定位 · 位置监测	以精确定位方式监测井下人员(车辆)的位置、滞留时间、个人或车辆信息且定位误差应与人员定位系统一致,并满足国家、行业的相应标准	●	●	●
		控制指令	具备下发指定区域内定位卡或具体定位卡进行响应(报警、闪烁)的指令的能力	●	●	●

表6(续)

序号	设备	分项	配置建议	功能配置 (注:●配置 ○选配 —无)		
				初级	中级	高级
3	安全集中监测	人员定位 / GIS融合	具备与GIS技术融合能力,人员定位的坐标系应与本矿井地测所采用坐标系保持一致	●	●	●
		融合联动	具备与安全监控、应急广播系统、通信等系统的应急联动能力	●	●	●
		生命体征监测	具备人员生命体征监测的相关设备接入或融合能力,系统具备对人员生命体征(人员体温、心率、血压)进行实时监测能力	—	○	●
		工作面设备定位	具备对工作面相关设备(如采煤机、掘进机等)配备定位卡能力	—	○	●
		安全闭锁联动	具备识别人员接近运行设备后,向控制平台发送相应进行安全闭锁请求指令的能力	—	—	●
		应急广播 / 广播通知	具备发布正常广播通知,灾变时期的紧急通知、避灾信息、人员和设备的撤离信息等能力	●	●	●
		线路终端监测	具备监测广播线路和广播终端的工作状态和故障的能力	—	○	●
		融合联动	具备与安全监控、人员定位、通信等系统的应急联动能力	●	●	●
		通信平台 / 电话广播互联	具备音视频通信及视频会议的能力,具备与应急广播系统、扩播电话等广播系统互联互通的能力	—	○	●

序号	设备	分项		配置建议	功能配置 (注：●配置 ○选配 —无)		
					初级	中级	高级
3	安全集中监测	通信平台	融合联动	具备与安全监控、人员定位、应急广播等系统的应急联动能力	—	○	●
		防治水	水文监测 超前探测	具备根据高精度瞬变电磁仪和高密度电法仪等设备对各工作面周围的富水区和地质构造进行超前探测数据，生成成果剖面图、等值线图、等值面图的矢量数据的能力	—	○	●
			水质分析	具备对各水源的涌水点水质进行监测，记录其分析化学成分、物理属性和同位素的能力	—	○	●
			探测定位	具备监测裂隙、毛细低速流体流动状态，对导水通道进行探测和空间定位能力	—	○	●
			实时监测	具备降雨量、观测孔、抽水实验、突水点、涌水量、排水量的实时监测和数据处理能力	●	●	●
			矿井水安全监测 水库监测	具备对矿井水库水位、水压、水流量的监测能力	●	●	●
			环境监测	具备对水库的矿震、水质、视频的监测能力	—	●	●
		矿尘监测	防尘监测与预警	具备对相应场所[如掘进工作面、采煤工作面、采煤机（掘进机）作业点、井下煤仓放煤口、溜煤眼放煤口、输送机转载点、卸载点、硐室、进风巷等工作场所]进行粉尘监测能力，及根据监测结果向生产集中控制系统发送降尘、控尘等指令的能力	●	●	●

表 6(续)

序号	设备	分项		配置建议	功能配置 (注:●配置 ○选配 —无)		
					初级	中级	高级
3	安全集中监测	顶板压力监测	矿压监测 — 支架监测	具备实时监测工作面支架各柱的工作阻力、立柱伸缩量、超前支撑压力的能力,能够分析初撑力、末阻力、推进度和来压步距	●	●	●
			矿压监测 — 预警预报	具备通过监测地音、顶板位移、位移速度、位移加速度、红外发射、电磁发射等监测数据,进行矿山压力预测预报和工作面顶板危险程度预警分析能力	—	○	●
			地应力监测 — 预警预报	具备实时监测工作面和巷道周围的煤体、岩体应力及其变化趋势,具备冲击地压危险区和危险程度的实时监测预警和预报能力	—	○	●
			地应力监测 — 微震地音监测	具备在线监测巷道顶板离层,锚杆锚索受力,工字钢、槽钢等支架受力,巷道变形,电磁发射,微震,地音的能力	●	●	●
			井筒安全监测 — 实时监测	具备实时监测立井和斜井的井臂和围岩应力、应变、温度、裂隙、渗流及其变化趋势能力	●	●	●
			井筒安全监测 — 预警预报	具备诊断和预报发生变形、突水、透水、冒顶、底鼓等的危险区域和危险程度能力	—	○	●

表 6(续)

序号	设备	分项			配置建议	功能配置(注:●配置 ○选配 —无)		
						初级	中级	高级
3	安全集中监测	冲击地压	快速滤波		具备各检波器形文件的快速滤波能力,只保留微震信息和爆破信息;具备实时计算出各检波器微震和爆破波形的初到时间、持续时间和平均震动速度的能力	—	○	●
			辐射源定位		具备各电磁辐射监测子系统能够精确计算各时间段的平均频率、幅值以及辐射源的方位和深度的能力,且自定位误差不超过 5 m	—	○	●
		防灭火	带式输送机防灭火	实时监测	具备对带式输送机沿线环境(重点监测带式输送机卷筒、托辊)温度进行实时监测的能力	●	●	●
				故障定位	具备对带式输送机火灾的预警,且对故障点进行精确定位,并停止带式输送机运转的能力	○	●	●
				淋水指令下发	具备向业务系统发送火灾区域或预警火灾区域洒水灭火指令的能力	●	●	●
			电缆火灾监测	温度实时监测	具备对井下电力电缆及沿线及缆沟内的温度进行实时监测的能力	●	●	●
				负载发热监测	具备实时监测电缆线路的运行状态,有效监测电缆在不同负载下的发热状态的能力	●	●	●
				故障定位	具备对电缆故障的预警,并对故障点精确定位的能力	—	○	●

表 6(续)

序号	设备	分项			配置建议	功能配置(注:●配置 ○选配 —无)		
						初级	中级	高级
3	安全集中监测	防灭火	火灾监测	煤体监测	具备对煤体的温度、可燃基挥发分、可燃基氧含量、可燃基碳含量、煤样水分、煤体的自燃温度、漏风风流温度、煤表面活化能、煤表面氧气的气体常数监测的能力	—	○	●
				风流监测	具备对风流的一氧化碳浓度、二氧化碳浓度、温度、烟雾、氧气、壁温监测的能力	—	○	●
				火区监测	具备对火区的温度、甲烷(CH_4)、一氧化碳（CO）、二氧化碳（CO_2）、氢气（H_2）、氧气（O_2）、氮气（N_2）、乙炔（C_2H_2）、乙烯（C_2H_4）、丙烯（C_3H_6）、乙烷（C_2H_6）、丙烷（C_3H_8）、丁烷（C_4H_{10}）及围岩的温度监测的能力	—	●	●
				矸石山监测	具备对矸石山或硫化矿的一氧化碳浓度、二氧化碳浓度、温度、烟雾、二氧化硫浓度、硫化氢浓度监测的能力	—	●	●
			束管火灾监测	采空区监测（基本）	具备对采煤工作面上隅角采空区或其他有可能发生自然发火地点进行监测,分析气体中的一氧化碳、甲烷、二氧化碳、氧气、氢气相关成分的能力	●	●	●
				采空区监测（升级）	具备对采煤工作面上隅角采空区或其他有可能发生自然发火地点进行监测,分析气体中的乙烯、乙炔、乙烷、氮气相关成分的能力	○	●	●

表 6(续)

序号	设备	分项		配置建议	功能配置 (注:●配置 ○选配 —无)		
					初级	中级	高级
3	安全集中监测	防灭火	束管火灾监测 / 自燃气体分析	具备对井下自燃火灾标志气体的确定和分析,及时预测预报发火点的温度变化的能力	—	○	●
			采空区密闭内外压差监测 / 采空区监测	具备对井下密闭内环境的一氧化碳浓度、二氧化碳浓度、氧气浓度、瓦斯浓度、漏风量、密闭内外压差实时监测的能力	—	●	●
			报警预警	具备根据设定的报警值进行预警的能力	—	●	●
			远程监测	具备对井下采空区密闭的远程监测和预警的能力	—	○	●

表 7 国家能源集团通信网络配置建议表

项目名称	分项	配置建议	功能配置（注：●配置 ○选配 —无）		
			初级	中级	高级
通信网络	办公有线网络	10 GB 核心：冗余电源、冗余风扇。千兆汇聚：冗余电源；千兆上联百兆接入	●	—	—
		10 GB 核心：虚拟化集群、冗余电源、冗余主控板卡。10 GB 汇聚，万兆上联：冗余电源、冗余风扇。10 GB 上联千兆接入：冗余电源。网络准入认证系统	—	●	—
		10 GB/40 GB/100 GB 核心：虚拟化集群、冗余电源、冗余主控板卡。10 GB/40 GB 汇聚：虚拟化集群、冗余电源、冗余主控板卡。万兆上联千兆接入：冗余电源。网络准入认证系统、智能运维、网络分析	—	—	●
	安防视频专网	万兆核心：支持虚拟化集群、冗余电源。万兆上联千兆接入：冗余电源	○	○	●
	无线办公网络	千兆＋POE WiFi 802.11n。SSID 加密认证	●	—	—
		万兆＋POE WiFi 802.11ac。网络准入认证系统：802.1X 认证、Portal 认证等	—	●	—
		万兆＋POE WiFi 802.11ax。网络准入认证系统：802.1X 认证、Portal 认证等。智能运维、网络分析	—	—	●
	工控以太环网	千兆工业以太环网＋RS485-MRP（物料需求计划），愈合时间≤200 ms	●	—	—
		万兆骨干环网＋千兆接入＋RS485-MRP，愈合时间≤200 ms	—	●	—

表 7(续)

项目名称	分项	配置建议	功能配置（注：●配置 ○选配 —无）		
			初级	中级	高级
通信网络	工控以太环网	万兆骨干＋万兆接入＋RS485-MRP,愈合时间不大于 200 ms;井工煤矿综采掘进 5G 覆盖,露天煤矿 5G 全覆盖;核心交换/汇聚交换均为万兆交换机,万兆接口不少于 6 个	—	—	●
		独立组网	●	●	●
	安全监控专网	千兆骨干环网＋RS485、独立组网	●	●	●
	工业视频专网	万兆星型视频专网:万兆核心＋万兆上联＋千兆接入	○	●	●
		独立组网	—	○	●
	无线控制专网	4G:核心网、BBU、RRU,局域覆盖	○	—	—
		4G 全覆盖:核心网、BBU、RRU	—	●	—
		4G＋5G 专网:核心网(5G 非必要)、MEC、PTN、BBU、RRU,4G 全覆盖,5G 智能工作面等区域覆盖;露天煤矿 5G 全覆盖	—	—	●
		UWB/ZigBee/WiFi:根据数据接入需要建设	○	○	○
	有线调度通信	有线调度系统:强插、强拆、监听、直通、录音回放、录音查询等煤矿安全要求,支持无线对接、出局对接	●	●	●
	应急广播	广播服务器、话筒、广播基站以太网传输、支持调度通信对接	●	●	●
	无线调度通信	4G/5G 无线网络:核心网、通信基站、移动电话机、VoLTE/VoNR 语音、支持运营商语音对接,支持有线无线融合调度	○	○	●

表8 国家能源集团智能化穿爆配置建议表

序号	设备	分项		配置建议	功能配置 (注:●配置 ○选配 —无)		
					初级	中级	高级
1	穿爆管理系统	设备管理	三维地质建模	根据地质建立三维模型	—	●	●
			自动布孔	自动根据现场布孔	●	●	●
			药量计算	精确计算药量	●	●	●
			孔位智能布置	爆破作业孔位智能布置	—	—	●
			炸药单耗精确设计	爆破作业炸药单耗精确设计	—	—	●
			状态可视化	具备穿孔设备及钻机状态可视化监控功能	—	●	●
			故障诊断	可实现在线故障诊断	—	○	●
			接口与协议	所有的监测、控制和状态诊断提供开放的 PLC、OPC、RS485 或 Modbus 接口	●	●	●
2	穿孔设备	钻头	位置监控	钻头位置精确监控	●	●	●
			自主导航	根据导航定位,规划钻头路径	○	●	●
			岩性识别	岩性智能识别	—	—	●
			精确定位	钻头精确定位	●	●	●
		控制系统	远程操作	远程操作穿孔设备	—	●	●
			智能控制	智能控制穿孔设备	—	—	●
			自主运行	自主行走运行控制功能	—	—	●
			行走速度	显示行走速度	○	●	●
			钻进速度	检测钻进速度数据	○	●	●
			回转压力	检测回转压力值	○	●	●
3	炸药车		接收钻孔定位	准确接收逐孔定位功能	—	○	●
			定量装药	定量自动装药功能	●	●	●
			自主运行	自主行走运行控制功能	—	—	●

表9 国家能源集团智能化采剥配置建议表

序号	设备	分项	配置建议	功能配置 (注:●配置 ○选配 —无)		
				初级	中级	高级
1	卡车无人驾驶	车载无人驾驶系统	① 保留原车的操作方式、功能及性能,无人和有人驾驶模式可自主切换。 ② 转向系统。高效执行控制指令,实时反馈转向角度。最小转弯半径不大于矿用卡车原最小转弯半径的1.05倍,转向角度误差不大于0.5°,反馈周期不大于50 ms。 ③ 驱动系统。前进、倒车、油门高效执行控制指令,实时反馈驱动挡位、油门开度数据,反馈周期不大于100 ms。 ④ 制动系统。实现工作制动(行车制动)、动力制动(电制动)、驻车制动、紧急制动等制动功能线性控制,高效执行控制指令,实时反馈制动状态和制动强度数据,反馈周期不大于100 ms。 ⑤ 举升系统。实现举升、迫降、锁止、浮动等货箱升降功能的线性控制,实时反馈货箱升降工作状态和货箱举升角度数据,举升角度误差不大于0.5°,反馈周期不大于100 ms。 ⑥ 行车警示系统。通过CAN总线控制转向灯、制动灯、前大灯、倒车灯、示廓灯、警示灯、蜂鸣器,指令准确控制灯光、蜂鸣器等	●	●	●

表 9(续)

序号	设备	分项	配置建议	功能配置 (注:●配置 ○选配 —无)		
				初级	中级	高级
1	卡车无人驾驶	车载无人驾驶系统	感知定位模块	在作业区域路口或车流量较大区域安装路侧感知单元,采用太阳能或可充电蓄电池供电,实现对交通流量、突发事件、交叉口信息、道路异物侵入、路面湿滑状态等信息的识别与采集,将感知结果实时传输给控制中心及周围车辆。感知定位模块的有效感知距离不小于 50 m,RTK 定位精度满足水平($10+10^{-6}$)mm、垂直($20+10^{-6}$)mm,路侧感知系统对障碍物有效检测区域半径大于 50 m,目标检测效率每秒不小于 10 帧	—	●	●
			决策模块	① 决策控制模块综合横向控制误差不大于 0.5 m,速度控制误差不大于 2 km/h。 ② 转向角度误差和举升角度误差不超过 0.5°,转向角度反馈周期不超过 40 ms。 ③ 驱动挡位、油门开度、制动状态、货箱举升工作状态、货箱举升角度等信息反馈周期不大于 80 ms	●	●	●
			安全监测模块	具备开机自检、硬件故障检测、软件故障检测及轨迹偏离检测等功能	●	●	●
				对所有无人矿用自卸卡车及配套电铲、推土机、平地机、有人驾驶车辆在矿区场景中的位置和状态信息进行可视化显示,在极端失控情况下可紧急动作	○	●	●

表 9(续)

序号	设备	分项		配置建议	功能配置 (注:●配置 ○选配 —无)		
					初级	中级	高级
1	卡车无人驾驶	车载无人驾驶系统	控制模块	① 卡车转向与加减速控制过程稳定、平滑,不出现急转向、频繁加减速等状态,实现卡车循迹、速度跟随、倒车、举升等车辆控制功能。 ② 路径跟踪行驶横向误差不大于0.5 m,速度误差不大于2 km/h;自动泊位横向误差不大于0.5 m,纵向误差不大于0.5 m	○	●	●
			存储模块	实现卡车运行状态、故障、施工任务数据、地图数据等信息的存储与管理,数据储存周期至少7 d	●	●	●
		地面管理与监控系统	地图管理	自动采集无人驾驶行驶区域地形三维数据,将地形数据自动传输至地面控制系统,采场变化时,装载区、排土场、障碍物、变更道路区域的地图实时更新,更新时间小于2 min	●	●	●
			智能管理系统	① 包括车铲自动匹配、全局路径规划、交通自动管理、设备监测安全管理、地图管理、数据统计分析等; ② 系统高效调度管理无人卡车、电铲、推土机、洒水车、指挥车等设备,实现协同作业	—	●	●
			路权管理	具备配置交通规则、路权管理功能,指导无人卡车编队行驶,有人或无人车辆有序行驶	—	●	●

表 9(续)

序号	设备	分项	配置建议	功能配置 (注:●配置 ○选配 —无)		
				初级	中级	高级
1	卡车无人驾驶	地面管理与监控系统 — 故障诊断	配置 IO 模块和补充传感器,全面采集卡车运行状态信息,由线控系统控制器统一管理并完成故障诊断,诊断信息实时反馈至卡车和控制中心,反馈周期不大于 100 ms	●	●	●
		数据统计	具备生产作业数据统计、分析、管理及回放功能,自动生成统计报表,数据存储加密处理	—	●	●
		安全管理	① 实现地图管理、车辆调度、路径规划、运营监控、故障诊断与处理、远程遥控、日志记录、数据统计分析、用户管理、设备管理、安全预警、外部系统融合等功能; ② 地面管理与监控系统具备管理超过 100 台设备、支持后期扩容至 1 000 台以上的能力; ③ 系统软件采用微服务架构,支持一键装机,分布式存储,数据存储容量不少于 5 a	—	●	●
		数据通信系统 — 网络	① 建设适合的网络,实现 V2N(车-控制中心)、V2V(车-车)、V2I(车-路)的车-路-控制中心的实时数据传输功能,通信延时少于 50 ms; ② 通过网络实现传输冗余,采用 MEC 下沉园区、数据不出厂方式保障网络传输安全	●	●	●

表 9(续)

序号	设备	分项	配置建议	功能配置 (注:●配置 ○选配 —无)		
				初级	中级	高级
1	卡车无人驾驶	协同作业管理系统	电铲协同	① 电铲上安装协同设备及管理系统,实现电铲与无人卡车的协同作业; ② 系统能够指定准确的装车点位置和方向(方位或位姿),电铲位置发生变化,能够自动规划装载区域中无人矿用自卸卡车行驶路径,装载点定位圆周误差不大于 50 cm,定向精度误差不大于 5°; ③ 系统具备人机交互界面以及作业状态和故障信息上传功能	—	●	●
			辅助设备协同	① 推土机上安装定位、通信、显示等协同设备及管理系统,实现推土机与无人矿用自卸卡车的协同作业; ② 系统能根据卡车位置及推土机位置等信息实时为无人卡车生成卸载区局部路径,引导无人卡车卸载	—	●	●
			有人驾驶设备协同	① 洒水车、平地机、指挥车等有人驾设备上安装协同设备,实现有人驾驶辅助车辆与无人卡车的混合作业; ② 协同系统具备人机交互界面以及作业状态和故障信息上传、调度作业指令接收、信息提醒、电子围栏、行车预警与安全控制等功能	—	○	●

表 9(续)

序号	设备	分项	配置建议	功能配置(注:●配置 ○选配 —无)		
				初级	中级	高级
2	电铲远程控制	网络通信 网络远程控制	① 通信基站在无明显遮挡情况下,1 000 m 范围内信号全覆盖,传输时延 10～50 ms,实时上行通信速率不小于 8 Mb/s,支持四维光场环境下的增强现实业务带宽和时延。 ② 智能通信终端满足 24 h 连续运行,记录数据不丢失、不遗漏和不重复,通信系统 7×24 h 平稳运行,广播丢包率不大于 1%	●	●	●
		线控系统 远程控制系统	开发电铲远程遥控控制系统,采集驾驶室座椅手柄操作信号、驾驶台控制按钮等人工操作信号,打通通信控制协议,实现电铲行走、回转、推压、提升、开斗、润滑、制动等机构的远程控制功能	●	●	●
		监测系统	电铲回转机构增加电磁编码器,推压、提升等执行机构配置直线位移传感器,行走机构增加速度传感器,对电铲各执行机构进行位移、角度、速度等实时监测,实现电铲执行机构动作监测反馈,辅助提高远程遥控驾驶模式动作响应精度	●	●	●
		模式切换	将远控信号与有人驾驶控制信号进行识别区分,实现人工操作的最高优先级	●	●	●

表 9(续)

序号	设备	分项		配置建议	功能配置 (注:●配置 ○选配 —无)		
					初级	中级	高级
2	电铲远程控制	线控系统	状态监测及报警	电铲各主要控制元件上增加电流、电压、压力等监测传感器,实时监测电流、电压、压力等工作参数,采集故障信号,实现对电铲运行状态监测及故障状态报警功能	●	●	●
		环境实时采集与重构系统	光场数据采集	开发适用露天煤矿电铲远控全息数据采集的静态光场系统,实时采集采场信息,采用大光圈、大景深设备,保证粉尘和弱光环境下能稳定获取图像效果、更大的深度范围和更高的远距离精度,同时具备粉尘透视能力和高光补偿能力	—	○	●
			光场校正	实时校正光场数据,消除机械加工、安装偏离等环境误差,实现现场环境真实还原,消除系统误差	—	○	●
			光场同步	同步光场信息、同步数据输出,消除多台光场相机引起的运动数据显示误差	—	○	●
			光场数据融合	开发实时光场数据融合系统,将多个设备采集的不同光场数据同步融合为一个统一的全局光场环境,实现数据统一,达到场景数据的绝对一致性	—	○	●

序号	设备	分项		配置建议	功能配置（注：●配置 ○选配 —无）		
					初级	中级	高级
2	电铲远程控制	环境实时采集与重构系统	光场实时重构	通过实时重构系统,将融合后的全局光场数据内容进行解析,获得矢量光线信息、三维信息、二维信息等数据,同时与显示设备结合,对现场环境进行重构,实现人眼级别的真实场景还原	—	○	●
			光场数据压缩	通过数据压缩系统,压缩设备采集的原始光场数据信息和人眼与自然环境交互信息,提升系统实时性和传输效率,降低能耗	—	○	●
		虚拟现实融合交互系统	裸眼三维融合	① 运用裸眼三维融合技术,避免头戴显示设备带来的疲劳感,达到现场驾驶的体验,提升驾驶水平; ② 通过增强现实技术,将结构数据、状态数据等与场景叠加,为操作员提供更丰富的辅助信息	—	○	●
			声场感知系统	配备现场级声场感知系统,采集和存储高保真、全方位现场声音信息,并通过网络传输至远程控制智能驾驶舱回放,实现真实声场实时还原	—	○	●
			力反馈系统	配一套力反馈传感系统,采集电铲典型工况受力反馈信息,通过网络传输,实现在远程控制智能驾驶舱对电铲的离心力、加速、摇晃、颠簸等力反馈信息的真实还原,达到现场级驾驶体验,同时降低现场驾驶带来的疲劳感	—	○	●

表 9(续)

序号	设备	分项	配置建议	功能配置(注:●配置 ○选配 —无)		
				初级	中级	高级
2	电铲远程控制	虚拟现实融合交互系统	系统远程控制端	包含采用增强现实技术驾驶座舱、裸眼三维显示器、声场感知扬声器、光场等信息融合反馈平台,实现信息实时融合展示,基于视觉追踪的实时光场信息智能编码,达到现场级沉浸式全场景还原	—	○	●
		健康管理系统	状态监测模块	研制露天煤矿电铲装备智能健康管理系统,采集、存储电铲工作信息数据并通过后端服务平台进行数据解析、故障诊断及健康管理分析,实现电铲健康状态监控管理功能	○	●	●
			预测、诊断模块	实时故障在线诊断与关键参数预测模块,定位发生故障的部位及故障模式,依据故障诊断结果,指导维修人员进行设备更换、修理等	○	●	●
			分析决策模块	分析电铲关键性能参数,提供数据预测功能,预测数据未来发展趋势、超限时间,预判故障及存在的安全隐患	○	●	●
			数据存储模块	实现存储数据冗余备份,保证系统可靠性,存储周期不小于 30 d	○	●	●
		自动装车与对位装置	传感器系统	包括 LIDAR、倾角传感器、位移传感器、定位传感器等,LIDAR 主要用于检测电铲臂的周围环境,规划无碰撞路径;倾角传感器和位移传感器用于实现电铲运动学解算,实现铲斗精准定位;定位传感器检测电铲位置及姿态	○	○	●

表 9(续)

序号	设备	分项	配置建议	功能配置 (注:●配置 ○选配 —无)		
				初级	中级	高级
2	电铲远程控制	自动装车与对位装置	设备底层控制	包括车身控制器及执行机构,用于发送电铲臂控制指令,实现对大臂、斗杆、铲斗等的精准控制	●	●	●
			逻辑通信层	软件核心模块的中间件,实现程序架构之间的底层通信,包括消息订阅、消息解析、消息发布等	●	●	●
			软件功能架构层	① 感知系统。实现电铲臂周围三维环境建模与点云成像,辅助规划铲臂路径。 ② 定位系统。解析 RTK 信号并融合 IMU 数据,对电铲姿态进行实时计算,结合电铲三维模型及坐标转换实现铲斗的精准定位。 ③ 规划系统。装载对铲时卡车停车点进行实时路径规划,实现铲臂按照平滑曲率规划出无碰撞路径。 ④ 控制系统。通过多种自适应 PID 算法,实现电铲臂的平稳精准控制,辅助远程操作人员装载	●	●	●
			交互与应用层	部署 UI 界面,进行人机交互作业,实现铲车配对、入场召唤、故障上报、出场引导、车铲对位等功能	○	●	●
			协同控制	运用车铲自动装载对位精准定位、无碰撞路径规划及铲斗精准控制技术,配置倾角、位移、定位等传感器,开发控制系统,实现电铲位置及位姿的解算,达到车铲平稳动作、快速定位和装载	○	●	●

表 9(续)

序号	设备	分项	配置建议	功能配置 (注:●配置 ○选配 —无)		
				初级	中级	高级
2	电铲远程控制	自动装车与对位装置	铲斗精准定位	① 采用车规级 GPS/北斗差分定位系统、高精度惯性导航器件等车身定位技术装备,进行多传感器融合,实现车身精准定位; ② 运用智能匹配模型算法,通过精准车身定位、高灵敏传感器等,解算车铲位姿信息、卡车型号尺寸,结合熟练操作员的操作经验,选定车铲最佳装载点,实现铲斗精准定位; ③ 定位精度要求达到厘米级别	○	●	●
			铲臂运动路径规划	采用激光雷达、毫米波雷达等传感器设备,对电铲周边环境进行数字图像建模,基于精确的数字地图信息,采用先进的规划算法进行无碰撞模拟,实现铲臂起点、终点及运行路径智能规划	○	●	●
			电铲臂控制	① 采用动力学前馈＋PID 反馈控制技术,读取回转机构、斗杆角度和行程传感器位置等数据,进行位置环 PID 运算; ② 读取位姿传感器中回转、提升和推压机构的速度,运用传感器融合技术实现卡尔曼滤波,进行速度环 PID 运算; ③ 建立电铲动力学和铲斗控制模型,调节位置环和速度环 PID 参数,并将参数信息发送至机构控制电机,完成电铲铲斗控制技术	○	●	●

表 9(续)

序号	设备	分项	配置建议	功能配置 (注：●配置 ○选配 —无)		
				初级	中级	高级
2	电铲远程控制	电缆自动收放系统 移动式支架	用于固定和安装电铲尾线电缆可移式自动收放装置,采用变频电机驱动	●	●	●
		驱动总成	包含驱动电机、减速机构、绞盘等装置,驱动电机提供电缆自动收放动力,减速机构用于降速增扭,绞盘用于卷绕电缆	●	●	●
		启停装置	① 通过接受监测及控制,实现电缆收放启停。包含开关总成、离合器、制动器等,具备手动、自动切换功能。 ② 开关用于驱动电机手动控制,离合器用于绞盘电缆在电铲拖动下的自动外放,制动器用于绞盘停止转动	●	●	●
		导向装置	包含驱动机构、导轮机构,驱动机构调整导轮位置,导轮机构用于对回收电缆导向	●	●	●
		监测及控制装置	① 具备监测电铲电缆受力情况、自动控制电缆收放等功能; ② 具备接收云端指令、执行综合调度管理系统的收放指令等功能	—	○	●

序号	设备	分项		配置建议	功能配置（注：●配置 ○选配 —无）		
					初级	中级	高级
2	电铲远程控制	机械故障智能诊断报警系统	齿轮箱实时监测	安装相应传感器,运用先进诊断技术,分析齿轮状态图谱,实现齿轮损坏及传动故障诊断报警	—	○	●
			轴承实时监测	安装温度、振动等传感器,运用先进诊断技术,实时监测轴承温度、振动等,实现轴承损坏及传动故障诊断报警	—	○	●
			结构件疲劳监测	在机械受力结构件加装应力、应变传感器,运用故障诊断技术,识别运行过程中力和应力变化,实现对结构件疲劳、损坏等的预判	—	○	●
			危险源监测	易燃、易爆等关键部位安装温度、烟感等传感器,配置自动灭火装置,实现危险源在线实时监测,具备自动感应及远程控制功能	●	●	●
3	辅助设备远程控制	整车电控化		运用整机电控化技术,进行整车电源、驻车、制动、发动机启停、油门增减、转向以及铲刀等系统电控改造,实现整机所有动作控制器控制,包括远程遥控及无人化作业	○	●	●
		电子监测		融合电子监测与故障诊断系统,通过对设备运行各动作进行数据分析,在线显示整机通信信息,实现对整机状态的全面监测与分析,准确、快速判断故障点	○	●	●

表 9(续)

序号	设备	分项		配置建议	功能配置(注:●配置 ○选配 —无)		
					初级	中级	高级
3	辅助设备远程控制	三维控制		通过 GPS 差分定位等技术,识别设备精确位置信息,通过导入的作业地图信息,确认各点高程,自动调整铲刀进给量,实现各点高程与作业地图要求一致	○	●	●
		远程遥控技术		车辆实时工况信息通过网络回传给远程操作室操作台,驾驶员在远程操作台发出控制指令,通过网络实时传输到设备控制器,远程在线实时控制设备行走、转向、制动等动作	○	●	●
		一键就位技术		基于视觉识别技术,通过摄像头采集现场图像,形成点阵发送至控制器,控制器计算输出电磁阀电流或通过油缸内置传感器控制油缸动作,各油缸行程位置换算,实现铲刀侧立等复杂复合动作一键控制	—	○	●
		视觉识别技术		运用雷达、光场等感知技术,实时检测车身周围环境状况,分辨障碍物、机群车辆等因素,实现对施工路面的有效识别与障碍物避障处理	—	○	●
		定位导航技术	三维地图	建立动态实时三维地图系统,控制中心计算每台平地机的轨迹路径,结合 GPS 导航、视觉识别等技术,实现平路机等辅助设备自主驾驶	—	○	●

表 9(续)

序号	设备	分项		配置建议	功能配置(注:●配置 ○选配 —无)		
					初级	中级	高级
3	辅助设备远程控制	定位导航技术	GIS矿山操作系统	运用采矿、航测遥感、地理信息系统、计算机、网络等技术,建设基于GIS的露天煤矿操作系统,开发矿山一体化管控平台,实现精确轨迹规划和作业控制,达到设备自主运行	—	○	●
		无人驾驶控制		建设一体化管控平台,感知辅助设备整机电控信息,实现辅助设备位置精准定位、障碍物识别与主动避障等功能,保证辅助设备按照系统设计好的路径及作业方式运行	○	●	●
		机群控制技术		建设协同作业系统,融合车铲协同作业系统,开发露天煤矿无人化机群作业平台,对无人化作业机群进行综合调度控制,实现生产效率最大化	—	○	●

表 10 国家能源集团露天煤矿灾害预警配置建议表

序号	系统	分项	配置建议	功能配置 (注:●配置 ○选配 —无)		
1	边坡监测	深层位移监测	实现边坡深部变形、深层位移自动化监测,支持 TDR、渗压计、固定式测斜仪等监测传感数据的接入,支持监测不同深度的位移量,从而对渐变过程有效分析,并可根据预警值实现自动报警	●		
		钻孔倾斜监测	当边坡滑动时,势必对不同深度的测斜仪造成不同的变化,获得其姿态信息,可推算滑动体内部变形信息,并对分析结果进行预测,出现异常支持报警	●		
		地表位移监测	应用北斗卫星定位等精确定位数据,通过已知主站坐标,计算各个移动站(监测点)的坐标,比较各监测点的坐标变化,识别地表相对位移监测数据,支持预测预警	●		
		全向应力及应变监测	实现对应力变化自动化监测,能识别岩、土体失稳对应力的影响,基于应力的平衡要是否被打破,识别边坡体产生位移、具备推算滑动体内部变形模型,支持预测预警	○		

表 10(续)

序号	系统	分项	配置建议	功能配置 (注:●配置 ○选配 —无)		
1	边坡监测	微地震监测	对爆破振动、地震实时监测,支持爆破前后根据监测对象与爆破点相对位置关系,掌握边坡区域内震荡情况,对可能发生的灾害进行预测,支持预测预警	○		
		裂缝伸缩监测	对边坡等结构物的伸缩缝(或裂缝)的开合度以及结构物的位移量进行监测,支持预测预警	○		
2	水害监测	岩土含水饱和度监测	具备深部、浅部岩土体含水率、含水饱和度自动在线监测功能,实现预设值的报警等功能	●		
		地下水位监测	对地下水位、水质、水温、泉流量、孔隙水压力和地下水信息自动监测,实现预设值的报警等功能	●		
		降雨量监测	通过安装电子雨量计,经网络实时获得降雨量数值,实现预设值报警等功能	●		
		地表水监测	对地表水自动监测,了解地表水的数值相对数据,对出现不稳定进行可能性分析,实现预设值报警等功能	○		

表 11　国家能源集团智能化选煤厂配置建议表

序号	明细		配置建议	功能配置(注:●配置 ○选配 —无)		
				初级	中级	高级
1	基础平台	技术平台	无线网络采用主流高速、带宽无线通信技术,WiFi 采用 802.11ax 标准,工业有线网络组网符合 GB/T 20269—2006、GB/T 20271—2006 和 GB/T 20273—2019 文件的规定,信息管理网可通过网络隔离及安全设备实现视频检测监控功能、网络安全防护和数据泄露防护功能,主干传输网络传输速率不小于 1 000 Mb/s	●	●	●
		标准数据平台	建立标准数据库,实现数据库之间的互通,结构化数据采用关系型数据库,非结构化数据根据数据性质存储,需满足后续数据分析的读取及数据量增长需求	○	○	●
			① 包含标准数据库、基础数据集成与管理系统、标准数据分析与决策系统及管理信息统计系统; ② 标准数据处理与换算方法符合 GB/T 25742—2018 要求,并通过原始基础数据进行换算	○	●	●
		专家知识库	通过收集、筛选和整理选煤领域知识与经验,形成选煤标准规范,知识库包含选煤知识、专用算法、曲线绘制方法、分析与评价方法、生产管理与控制专家经验等,具备调用、共享等功能	○	●	●

表 11(续)

序号	明细		配置建议	功能配置 (注:●配置 ○选配 —无)		
				初级	中级	高级
1	基础平台	手持终端	① 根据实际需要配置手持终端,覆盖各车间主任、技术员、班长、包机长、巡检工和集控员(岗位交接)等岗位,终端利用无线网络传输,功能定制; ② 实现生产信息的实时同步获取及生产设备分布式操控管理	●	●	●
		管理平台	具备故障预警及故障诊断功能,实现巡检记录、润滑记录、故障等定时、定人、定岗推送,通过分析在线监测报警信息,自动生成设备缺陷、故障报警及检修建议计划,同时结合设备运行状态自动生成设备健康评估报告,通过报表、曲线等形式可视化展示设备运行状态	—	○	●
			建立保护装置试验检查标准,定期生成保护试验任务,同时与工控机程序进行闭锁,实现自动监控功能	—	○	●
			建立生产调度指挥和通信平台,平台与移动终端互联互通	○	●	●
		一体化管控平台	建立一体化管控平台,涵盖选煤厂可视化、安全生产过程实时监视、安全生产业务管理、异常分级预警及联动处置、安全生产数据看板、安全生产决策分析等业务,支撑选煤厂安全、生产业务协同及融合,实现一平台、不同场景、多维度集中展示功能	—	○	●

表 11(续)

序号	明细	配置建议	功能配置 (注:●配置 ○选配 —无)		
			初级	中级	高级
2 自动控制系统	远程集控系统	建立远程集控系统: ① 主要生产设备、阀门、闸板、翻板等辅助设备可根据工艺需求,远程发送指令自动调控生产流程,具备生产故障快速诊断报警和判断故障性质、安全报警、分级定点推送到岗等功能,实现远程集中控制、一键启停; ② 除尘系统实现自动化控制,并与主系统实现连锁控制	●	●	●
	计量系统	① 以区域主要煤流可称重计量为原则,根据工艺流程实际情况设置原煤与产品胶带秤,仓储设施(储煤棚除外)配置物位或重量自动检测设备; ② 建立生产用水、用电、用药(油)、用介等自动计量系统	○	●	●
	检测系统	根据带式输送机、破碎机、刮板机、离心机、振动筛、风机等设备、设施特征,配置振动、压力、温度等传感器	○	●	●
		建设点检系统,包含在线和离线点检系统,具备采集并上传数据至智能管理系统进行分析、报警、推送等功能	●	●	●
		在入洗原煤、中间产品煤、商品煤和带式输送机上安装在线灰分监测设备	○	●	●
		通过检测离心液粒度等数据,判断浓缩分级旋流器溢流跑出,实现离心机筛篮破损检测	—	○	●

序号	明细		配置建议	功能配置 （注：●配置 ○选配 —无）		
				初级	中级	高级
2	自动控制系统	照明及人员定位系统	① 安装经纬时控开关、运用射频技术等方式控制照明灯具自动启停，实现人来灯亮、人走灯灭； ② 建立人员定位系统，具备标准通信接口及三维精确定位功能，定位精度不大于 3 m； ③ 通过二维码定位、终端定位、ZigBee 等技术，实现监督人员巡岗管理和人员安全管理	○	●	●
		恒压供风系统	① 实现空压机房无人值守、远程监控和空压机恒压供风、轮流启停； ② 泵类与风机系统轴封水与设备联动，同时实现压力控制，泵类设备的前后阀门与泵联动控制，扫地泵实现依靠液位自动控制	●	●	●
			轴封水管路增加电磁阀和流量开关	—	○	●
		高低压综保系统	将主要设备高低压综保后台系统数据接入设备管理系统，开发应用功能，实现运行电流异常预警、报警，趋势分析等功能，且信息可推送至手持终端	○	●	●
		除杂系统	开发机械手除杂装置或除杂机器人，替代人工捡杂、排矸	—	○	○
			在原煤系统、带式输送机配置金属探测装置	○	●	●

表 11(续)

序号	明细		配置建议	功能配置 (注:●配置 ○选配 —无)		
				初级	中级	高级
2	自动控制系统	除杂系统	运用灰分、粒度在线检测设备,开发排矸系统,将各种杂物信息录入系统,分析排矸、拣杂效果,优化设备及系统功能,提高杂物识别率	—	○	●
		安防系统	① 完善原有重点部位火灾识别与消防系统,安装红外热成像探测器等装置,在易发生火灾区域,安装在线感温、感烟检测装置,在电缆桥架、输煤系统传送带沿线安装缆式测温装置,实现破碎站、带式输送机走廊、驱动间、拉紧间、变压器室、配电室等部位的超温识别、火灾探测和消防功能; ② 运用高清黑光或热成像摄像头,实现带式输送机走廊越线、不安全行为、个人安全防护检测、设备实时温度的巡视报警	●	●	●
		视频识别系统	主要生产区域、关键设备、危险区域、刮板机、带式输送机等重要部位安装具有变焦功能的数字网络摄像机,且像素不小于 200 万,实现人员越界报警、胶带跑偏洒料、物料粒度超限等视频分级报警闭锁功能	●	●	●
			使用工业相机实现刮板机链条飘链、拉斜、断链、杂物在线监测分级报警闭锁功能	—	○	○
			具备报警前后视频信息自动存储、发布功能,实现图像识别报警、闭锁,视频联动控制停机等功能,同时故障、报警可分级、分权限推送至手持终端和 PC 端	●	○	●

表 11(续)

序号	明细		配置建议	功能配置 (注:●配置 ○选配 —无)		
				初级	中级	高级
2	自动控制系统	研发多功能摄像机,将安防与视频识别系统融合		○	○	●
		环境监测系统	① 在有害气体易集聚场所和粉尘浓度高的区域,分别安设在线瓦斯、一氧化碳等有害气体及粉尘在线检测装置; ② 冲洗水系统实现自动控制	●	●	●
		先进保护装置	运用红外检测技术,对空溜槽、带料溜槽和堵料溜槽分别进行测试、标定并设置报警阈值,通过检测溜槽内部物料的运行状态,实现机头溜槽堵料报警,防止机头溜槽堵塞	—	○	●
			在上下胶带中间安装激光防撕裂装置,识别胶带撕裂和划痕(弧状激光射线贴着胶带背面,当激光被遮挡时报警)	—	○	●
3	数据采集与传输	基础数据	① 智能控制系统采集选煤厂各工艺环节的在线数据(包括主要生产过程中的生产参数、设备运行数据、物料性质参数等)和离线数据(包括选煤厂离线化验数据、点检数据、设备基本信息、检修维护数据、检测检验数据、工艺研究的实验数据以及其他相关数据); ② 设备信息包括基本信息、健康状态信息、维护保养信息、报警信息、检修信息、特种设备或工器具管理信息和预警信息等	●	●	●

表 11(续)

序号	明细	配置建议	功能配置 (注:●配置 ○选配 —无)		
			初级	中级	高级
3 数据采集与传输	数据存储	在线实时数据和离线数据分别存储在标准选煤数据平台,保证时间维度同步,基础信息以标准数据格式与要求存储在历史数据库中,存储频率根据不同工艺环节确定	●	●	●
	数据采集传输要求	① 生产系统及设备运行信息和生产数据分系统在线采集。 ② 原煤和产品的煤质信息分生产系统、分工艺环节采集。 ③ 消耗信息分车间、分班组、分系统在线计量。 ④ 根据实际保证各类数据实现自动采集,确保数据实时性、可靠性和准确性;在数据产生点导入离线基础数据。 ⑤ 运用先进数据处理技术,实现视频监控、调度通信、生产监控、MES等系统数据共享和联动	●	●	●
	数据采集接口标准	① 硬件层:自动化控制设备符合RS232、RS485 或 RJ45 等通信接口,数据上传支持 Modbus TCP 或 Modbus RTU 通信协议,提供清晰准确的相关参数和点表,对监测数据联网等接口需求安全开放。 ② 软件层:上位机软件提供 OPC 服务、网络型关系数据库、ftp 文本数据文件上传等数据接入方式。 ③ 软硬件层提供清晰准确的参数、点表、数据库结构等信息,对监测数据联网等接口安全开放	○	●	●

表 11(续)

序号	明细			配置建议	功能配置 (注:●配置 ○选配 —无)		
					初级	中级	高级
4	智能分析决策	智能控制	重介智能分选	① 灰分闭环控制系统以悬浮液密度为被控制量,以精煤胶带在线灰分仪监测数据为控制及检验依据,系统具备手动和自动切换模式,手动具有优先级;闭环系统具备灰分死区设定功能,避免灰分闭环控制系统频繁调节,造成密度不稳定、灰分波动,影响补水阀寿命等问题。悬浮液密度波动范围为±0.005 kg/m³。 ② 在合介管路、磁选尾矿管路、脱介稀介段管路、重介旋流器等部位安装磁性物含量计,探测磁性物含量变化。 ③ 配置智能加介系统,实现介质自动添加,对介质添加量、稀释水量等进行自动计量	—	○	●
				对原煤煤质历史、实时数据对比分析,建立重介数学模型,自动生成可选性曲线,预测给定分选密度,实现循环悬浮液密度随煤质变化自动调整	—	○	○
				利用在线数据自学习功能,根据原煤或产品煤灰分反馈调节循环悬浮液密度设定值,自动优化重介环节预测数学模型	—	—	○

表 11(续)

序号	明细		配置建议	功能配置 (注:●配置 ○选配 —无)		
				初级	中级	高级
4	智能分析决策	智能控制 跳汰智能分选	分析原煤、产品煤煤质,给料、风水、排料等数据(含实时数据和历史数据),建立跳汰数学模型,根据原煤煤质资料和产品指标,预测给定跳汰环节的工艺参数,根据原煤或产品灰分实时调节给料、风水、排料等装置参数,实现产品质量稳定	—	○	○
			利用在线数据的自学习功能,不断优化跳汰环节的预测数学模型	—	—	○
		智能浮选	检测浮选药剂加药量、入浮浓度、流量、有效泡沫层厚度、灰分,建立浮选自动加药数学模型,根据入料性质和产品指标,自动预测和给定浮选环节加药比例、充气量、泡沫层厚度等参数	—	○	●
			利用在线数据自学习,自动优化浮选环节的预测数学模型,实时调整加药量、加药比例、充气量和液位等数据,实现浮选智能控制	—	—	○
		智能泥煤水加药	检测分析浓缩机加药量、入料浓度、流量、粒度、浓缩池煤泥水分层状况、溢流液浊度等参数,建立浓缩加药数学模型,结合入料性质预测和给定药剂添加量,同时加药后澄清层高度与浓缩机的工作状态联动,根据澄清循环水的分层状况实时调节加药量和加药比例,实现浓缩工艺高效	—	○	●

表 11(续)

<table>
<tr><th rowspan="3">序号</th><th colspan="3" rowspan="3">明细</th><th rowspan="3">配置建议</th><th colspan="3">功能配置</th></tr>
<tr><th colspan="3">(注:●配置 ○选配 —无)</th></tr>
<tr><th>初级</th><th>中级</th><th>高级</th></tr>
<tr><td rowspan="4">4</td><td rowspan="4">智能分析决策</td><td rowspan="4">智能控制</td><td>智能泥煤水加药</td><td>利用在线数据自学习功能,自动优化浓缩环节的预测数学模型,实现智能泥煤水加药</td><td>—</td><td>—</td><td>○</td></tr>
<tr><td>智能压滤</td><td>① 对压滤系统及上下游设备信息、控制信息、煤泥水浓度、流量等信息进行分析,自动生成控制策略,将压滤机控制系统组网,实现压滤机群智能排队、协同作业、移动监控;
② 配置滤液水粒度检测报警装置,实现滤布破损、黏料自动报警</td><td>—</td><td>○</td><td>●</td></tr>
<tr><td>智能采制样</td><td>快速装车站安装智能采样系统,具备采样、制样、弃样等功能。在各采样点配全自动彩样、制样机,并将电子天平等设备通过物联网与数据采集点通信,实现煤样在线分析、化验,实现自动读取原始化验数据,自动生成煤质报表</td><td>●</td><td>●</td><td>●</td></tr>
<tr><td>智能装车</td><td>① 运用图像、激光、红外等先进检测技术,实现信标定位、偏载检测、图像识别、车地无线通信、三维煤仓、在线煤质检测等功能;开发精准配煤、杂车混编装车、偏载自动反馈调节等软件,实现车号自动识别、车辆精准定位、智能装载、智能称重,并对装车质量及装车效果进行评价。
② 根据装车速度自动修正配煤速度,根据煤种、车辆运行情况自动调整封尘剂喷洒量及浓度,根据气候条件自动调整防冻液喷洒量及密度,结合用户需求、产品存储情况和产品指标,最终实现自动化配煤。
③ 配置汽运装车远程监控系统,实现汽车衡自动称重、自动语音指挥、称重图像实时抓拍、红绿灯控制、防作弊、道闸控制、远程监管等功能</td><td>—</td><td>○</td><td>●</td></tr>
</table>

表 11(续)

序号	明细		配置建议	功能配置 (注:●配置 ○选配 —无)		
				初级	中级	高级
4	智能分析决策	智能控制	智能仓储与配煤	给煤机加装变频器,实现给煤量变频调节;在带式输送机胶带相近落料点间合适位置安装胶带秤,调节原煤仓给煤量实现比例配煤	—	○	●
				将原煤可选性、炼焦性、煤质特性(粒度组成、密度组成、煤质和精煤煤质数据)、精煤产率、仓储等量化,建立数学模型,实现配煤方案自动生成	—	○	●
				开发智能配煤软件,根据配煤方案自动调节给煤机给煤量,实现配煤工艺稳定和产品效益最大化	—	—	○
			三维可视化指挥中心	将厂区主要建筑物、机电设备等进行三维数字建模,建立可视化指挥中心,集中展示生产管理、生产控制、视频监控、设备点巡检、能耗计量等系统数据	—	○	●
			智能停送电系统	研发停送电管理系统,实现停送电审批无纸化、有序化,集中控制远程化,具备检测、分析、预警及事件查询,实时监测负荷运行参数,电能质量和能耗分析等功能	●	●	●
				配电室安装门禁系统,研发配电室巡检机器人或运用先进的巡检技术,实现巡检作业无人化	—	○	●

序号	明细		配置建议	功能配置 （注：●配置 ○选配 —无）		
				初级	中级	高级
4	智能分析决策	智能控制	巡检机器人	开发带式输送机走廊巡检机器人，机器人配置视频摄像机，声音、气体、红外传感器等检测装置，实时采集电机、滚筒、工作环境温度、气体参数等信息，并将采集后的信息传送到远端视频服务器或中心服务器进行处理，分析判断带式输送机存在的问题，具备预警提示和报警推送等功能，实现带式输送机走廊机器人代替人工巡检	○	●	●
				运用先进传感器等感知技术，开发具有自供电、自行走、智能感知、智能决策、智能执行、故障识别、控制决策、预警报警、简单故障处理、人机互动等功能的复杂环境巡检机器人，实现机器人代替人工巡检	—	○	○
		智能管理	生产管理	采集生产时间、事故、仓储等信息，生成统计图表，汇总分析每日生产作业计划存在问题，自动形成调度日志、日报、值班、排班、交班、停送电、临时检修、报警处理等内容的处理文档，纠正决策意见执行偏差，实现智能生产管理	●	●	●
				搭建生产协同管理系统，根据原料煤、产品煤及销售情况，建立生产计划模型，实现自动推出生产组织计划，同时具备安全与职业健康管理、节能与环保管理等功能	—	○	●

表 11(续)

序号	明细		配置建议	功能配置 (注:●配置 ○选配 —无)		
				初级	中级	高级
4	智能分析决策	智能管理				
		煤质管理	运用智能检测化验设备及分选技术,采集原煤、产品煤质量信息及各类试验数据,生成煤质图表,计算、分析煤质问题,给出生产指导策略	●	●	●
		装运管理	采集原煤及销售产品煤量、用户信息、储运信息等,统计分析入厂原料煤来源与数量、产品销售量、清车与装车过程等信息,生成统计图表,分析原料煤、商品煤来源及去向变化趋势,查找原因、指导装运	—	○	●
		机电管理	① 日常管理。机电基础管理指标实现在线采集,机电信息化系统具备预警、提醒、推送和统计分析功能。 ② 运行管理。采用在线检测技术对设备状态进行分析,实现自动预警、故障自动分析诊断、状态记忆分析、维修策略自动生成及任务推送等功能	●	●	●
			设备管理包括以下两类。 ① 机械设备:三相异步电动机、传动和从动部位及设备轴承配置温度、振动等传感器。 ② 供配电设备:高低压供配电设备应具有双向标准通信接口和协议,具有综合保护、过流、漏电、接地保护功能,高低压配电室实现无人值守,应具备温度、湿度、烟雾检测和控制,应采取密闭和除尘措施,建立高、低压后台管理系统,高压柜的停送电操作宜具有分、合闸远程控制功能,应具有供电系统供电回路故障诊断功能	○	○	●

表 11(续)

序号	明细			配置建议	功能配置 (注:●配置 ○选配 —无)		
					初级	中级	高级
4	智能分析决策	智能决策	生产情况分析	对产品指标与控制参数的先进性、工艺的合理性进行评价,针对存在问题给出优化解决方案。分析原煤性质,进行各种理论指标计算与煤质历史数据分析,明确原煤数质量与变化情况,分析分选效果与变化趋势、分选产品、商品煤质量与变化趋势、设备运行情况等	—	○	●
			经营情况分析	对指定时间段内的原料、产品、消耗、成本、销售、财务等指标进行全面分析,给出经营情况分析报告,针对问题给出应对措施	—	○	●
			工艺效果评价	利用离线和在线数据,逐项评价各工艺环节、设备的工艺性能与效果,评定各工艺环节或者设备的工艺性能水平等级,排查影响产品质量和分选效率的症结	—	○	●
			生产指标预测	根据入厂原煤质量信息,对入选原煤质量情况进行预测,完成主要产品指标、分选环节工艺参数、操作参数的在线或离线预测,并实现优化计算,根据分选指标、销售价格、消耗情况等,预测生产方式、产品结构、经济指标	—	○	●

序号	明细		配置建议	功能配置（注：●配置 ○选配 —无）		
				初级	中级	高级
4	智能分析决策	智能决策	产品结构优化	按煤层、煤种、工艺系统、选煤方法等预测产品结构，根据现有原煤质量情况、设备分选性能、设备操作水平等，预测分选产品的结构组成情况，并对分选产品结构进行优化。根据市场需求、原煤性质、经济效益、生产成本、流程灵活性等，进行不同生产环节、不同产品结构配合方案优化，获得最佳生产组织方式与产品组合	—	○	●
			经济效益预测	根据现有原煤质量情况、设备分选性能、设备操作水平、分选指标或产品指标、成本构成情况，预测分选产品的经济效益情况	—	○	●

附　件

国家能源集团关于加快煤矿智能化建设的实施意见

为贯彻落实国家发展改革委等八部门联合印发的《关于印发〈关于加快煤矿智能化发展的指导意见〉的通知》（发改能源〔2020〕283号）有关要求，结合煤炭行业智能化发展水平和集团公司现状，制定《国家能源集团关于加快煤矿智能化建设的实施意见》。

一、指导思想

以习近平新时代中国特色社会主义思想为指导，深入贯彻落实"四个革命、一个合作"能源安全新战略，以"一个目标、三型五化、七个一流"为引领，以建设世界一流智能煤矿为目标，推进智能技术研发和推广应用，提升煤矿安全生产水平，促进煤炭产业高质量发展。

二、基本原则

坚持统筹规划、分类施策。统筹兼顾集团所属煤矿基础条件、生产现状，加强顶层设计，科学制定总体规划，合理确定近期及中长期目标；根据煤层赋存条件、资源储量、井型规模、煤矿基础等情况，分类分级制定实施方案，指导煤矿智能化建设。

坚持需求牵引、重点突破。以保障职工安全、减轻职工劳动强度、危险区域少人为无人为导向，运用动态三维建模、协同控制、5G车联网等技术，突破井工煤矿智能采掘、露天煤矿无人驾驶等技术瓶颈，实现煤矿重要场所、危险岗位安全智能。

坚持试点先行、有序推进。遴选不同开采条件的煤矿开展示范项目建设,以点带面推动煤矿智能化建设;结合集团煤矿机械化、自动化、信息化、智能化现状,有序推进煤矿智能化建设。

坚持自主创新、开放合作。整合集团信息化技术力量,坚持智能开采理念,加强自主创新,开展关键技术攻关;深化产学研用合作,秉承互利共赢,培育战略合作伙伴,协同推进煤矿智能化集成创新。

三、工作目标

(一)总体目标

智能煤矿建设达到世界一流水平,推动并引领行业发展。通过技术创新、管理创新和体制机制创新全面提升煤矿智能化开采水平,实现少人高效生产。

(二)短期目标

截至 2020 年年底,实施上湾、锦界、补连塔、金凤、红柳、老石旦、乌东、准东二矿、西湾、宝日希勒等 10 个智能煤矿示范项目建设,实施 5 类智能快速掘进示范项目建设,实施露天煤矿无人驾驶项目建设;建成 20 个智能采煤工作面;建成 10 个智能选煤厂;完成掘进、运输、安控三大类 12 种煤矿机器人研发;50％固定岗位实现无人值守。

截至 2021 年年底,建成上湾、锦界、补连塔、金凤、老石旦、西湾等 6 个智能示范煤矿;全集团 10％掘进工作面、30％采煤工作面实现智能化;10％露天煤矿卡车实现无人驾驶;40％选煤厂实现智能化;完成掘进、采煤、运输、安控、抢险五大类 38 种煤矿机器人研发或应用;固定岗位基本实现无人值守。

截至 2022 年年底,10 个智能示范煤矿全部建成;全集团 15％掘进工作面、50％采煤工作面实现智能采掘;15％卡车实现无人驾驶;50％选煤厂实现智能化。

（三）中长期目标

截至 2025 年年底，全集团 40％煤矿实现智能化；40％掘进工作面实现智能化，采煤工作面基本实现智能化；40％卡车实现无人驾驶；选煤厂基本实现智能化。

截至 2035 年年底，井工煤矿、露天煤矿基本实现智能化。

四、重点任务

（一）加强顶层设计，制定建设规划、标准

（1）编制发展规划。集团公司按照中长期建设目标，编制集团煤矿智能化建设发展规划，指导煤矿智能化建设；子/分公司结合本单位煤矿赋存条件、矿井产能、灾害防治等，制定具体建设方案和实施细则，明确实施路径和保障措施，形成层次分明、相互衔接、规范有效的规划体系。

（2）建立标准体系。总结煤矿数字化建设经验，凝练煤矿智能化示范工程技术成果，完善智能煤矿、智能选煤厂、智能采煤、智能掘进、卡车无人驾驶、煤矿机器人等技术条件和评价指标，配套发布煤矿智能化建设、评价、验收规范，建立健全集团煤矿智能化建设分类分级标准体系。

（二）融合先进技术，夯实智能建设基础

（1）开发智能一体化管控平台。总结数字矿山生产管理和生产控制平台建设经验，运用统一数据标准，对煤矿海量多源异构数据进行融合、分析、利用，构建全面感知、实时互联、分析决策、自主学习、动态预测、协同控制的智能一体化管控平台。

（2）建设煤矿云计算数据中心。利用集团数据资源和平台，基于大数据、人工智能、机器学习、边缘计算等技术，结合煤炭开采机理，建设煤矿云计算数据中心，采集实时监测监控数据，集成共享煤矿系统数据,就近部署、按需供给,实现煤矿生产运营和大数据深度融合。

(3)推进煤矿信息网络升级。结合煤矿安全生产及智能开采需求等实际,应用5G、工业互联网、物联网等先进信息网络技术,构建以万兆网为骨干、混合无线高速接入的安全高效矿用通信网络,实现井下工控网络深度融合,为煤矿智能感知、智能分析、智能决策、远程控制提供通信保障。

(4)健全网络信息安全体系。依托集团网信安全规划,构建煤矿"垂直分层、水平分区、边界控制、主机监测、内部审计、统一管理"的纵深防御体系,提升煤矿网络安全远程监控、态势感知及应急处置能力,提高煤矿网络安全防护水平,防范和遏制重大网络安全事件。

(三)突破关键技术,重点环节实现智能

(1)井工煤矿采煤工作面。总结提炼国内外薄、中厚、厚及特厚煤层智能开采技术成果,突破精准地质探测、煤岩识别、惯导精准定位、两巷自动超前支护、动态三维建模、参数智能调整、多机协同控制、人员安全感知等关键技术,实现集团不同开采条件的采煤工作面无人操作、有人巡视、远程控制并常态化运行。

(2)井工煤矿掘进工作面。总结国内外煤巷、半煤岩巷、岩巷智能掘进技术成果,集中突破自主导航、自主截割、截割断面监测、智能锚护、远程监控、粉尘治理等关键技术,开展不同条件的智能快速掘进成套装备研发,掘进工艺实现掘、支、运等平行作业,掘进设备实现智能远程控制,掘进系统实现安全智能高效。

(3)井工煤矿辅助运输。总结煤矿轨道机车、钢丝绳牵引车、无轨胶轮车等信息化管理经验,突破目标实时监测、井下导航定位、自动避障停车、路径规划等关键技术,应用车辆失速保护装置、安全辅助驾驶、无人驾驶、智能调度等新技术,有轨运输实现地面远程驾驶,无轨运输实现无人驾驶,混合运输实现自动接驳。

（4）露天煤矿卡车无人驾驶。总结露天煤矿智能运输安全生产监控系统建设经验，对露天煤矿卡车进行线控改造，实现转向、制动、举升精确控制；采用5G、卫星定位、基站和路侧感知单元等，实现车辆控制信号可靠传输；基于环境感知、智能网联、边缘计算、路径规划、自主决策等技术，研发无人驾驶系统，实现矿用卡车"装、运、卸"作业过程无人化。

（5）煤矿机器人。对照《煤矿机器人重点研发目录》，结合集团煤矿安全生产实际，突破机器人井下防爆、高精度定位、运移避障、自主平衡、路径规划等关键技术，积极开展掘进、采煤、运输、安控、救援等五大类38种机器人研发和应用，把员工从危险环境和繁重劳动中解放出来，推进智能化少人或无人。

（6）固定岗位无人值守。总结煤矿运输、通风、供电、排水等系统固定岗位无人值守经验，突破智能感知、精确传感、多源信息融合等关键技术，应用温度、声音、图像等智能识别技术，设备工况实现实时监测、智能报警、远程诊断，煤矿固定岗位实现可视化远程控制、无人值守、有人巡视。

（四）建设示范工程，引领智能煤矿建设

（1）井工煤矿示范工程。推进不同开采条件的智能井工煤矿示范项目建设，建成智能采煤工作面、智能快速掘进工作面，固定岗位无人值守等，实现煤矿开拓、采掘、运输、通风、安全保障、经营管理等过程智能化；总结凝练"少人采煤、远程掘进、危险区域无人"等建设成果，健全完善智能井工煤矿建设标准。

（2）露天煤矿示范工程。推进智能露天煤矿示范项目建设，依托5G、车联网、大数据、人工智能等技术，研究攻关智能铲装、卡车无人驾驶、辅助设备远程操控等关键技术，实现钻爆、采剥、运输、排土等关键环节单机装备智能作业、多机装备智能协同；总结凝练"采区卡车无人驾驶、地面系统无人值守"建设成果,健全完善智能露天煤矿建设标准。

（3）选煤厂示范工程。推进不同工艺的智能选煤厂示范项目建设,应用重介质分选智能控制、煤泥水处理智能控制、智能巡检、机器视觉、设备移动控制等技术,实时检测原煤参数（粒度、密度）,实现分选加工工艺环节智能化;总结凝练"生产计划智能决策、工艺参数智能设定、生产过程智能监控"建设成果,健全完善智能选煤厂建设标准。

（五）分类分步实施,全面建设智能煤矿

（1）智能井工煤矿。神东矿区及周边赋存条件相似煤矿推广上湾、锦界、补连塔示范智能煤矿建设技术,宁东矿区推广金凤、红柳示范智能煤矿建设技术,乌海、新疆、大雁、平庄等区域煤矿推广老石旦、乌东、准东二矿示范智能煤矿建设技术。

（2）智能露天煤矿。露天煤矿推广西湾、宝日希勒示范智能煤矿建设技术,间断工艺推广电铲智能铲装、卡车无人驾驶、辅助设备远程控制技术;卡车运输推广应用神宝露天煤矿智能运输安全生产监控技术。

（3）智能选煤厂。选煤厂推广上湾示范智能选煤厂建设技术,固定岗位推广可视化远程控制、无人值守、有人巡视,生产工艺推广原煤智能破碎运输、智能干选、智能重介、智能跳汰、智能配煤装车等。

（4）井工煤矿智能采煤。不同开采条件的采煤工作面根据实际选择推广应用榆家梁透明开采,锦界预测割煤、远程集中控制,枣泉自主截割、远程干预的单向割煤,石圪台等高智能采煤,乌东急倾斜智能采煤等技术。

（5）井工煤矿智能掘进。煤巷推广掘锚一体机、TBM 智能快速掘进系统;复杂条件下煤巷推广全断面智能快速掘进系统,半煤岩巷推广掘锚一体机智能快速掘进系统;综掘系统推广远程控制技术,连掘系统推广自动调机、固定路线自动运行技术,掘锚系统推广掘锚运破多机智能协同控制技术。

五、保障措施

（一）组织保障

集团成立以总经理为组长的煤矿智能化建设领导小组,负责指导集团煤矿智能化建设工作。办公室设在煤炭运输部,负责统筹协调、经验共享、检查督导、年度考核等工作。各涉煤子/分公司是智能化建设工作的主体单位,负责建立组织机构、逐级落实责任、健全考核机制、建设人才体系,全面推进煤矿智能化建设工作。

（二）资金保障

依据《关于修订印发〈煤矿安全改造中央预算内投资专项管理办法〉的通知》(发改能源规〔2020〕23 号),积极申请国补资金,规范管理、专款专用。集团公司加大煤矿智能化建设资金支持力度,将煤矿智能化相关投入列入科研经费、信息化专项经费。各涉煤子/分公司要保障煤矿智能化建设资金充足到位,将煤矿智能化相关投入列入安技措经费、维简大修经费、生产成本等。

（三）技术保障

集团公司与中国煤炭科工集团组建煤矿智能化协同创新中心,负责指导总体规划和建设标准编制,开展煤矿智能化基础研究和重大科研项目攻关;信息公司作为内部专业化服务单位,负责煤矿云计算数据中心、智能一体化管控平台开发;各涉煤子/分公司要建立煤矿智能化建设技术体系,负责建设项目方案审查论证、组织实施、验收评价等工作。

（四）考核保障

集团公司将煤矿智能化建设纳入年度绩效考核,领导小组办公室负责检查督导、考核验收等工作。各涉煤子/分公司要建立常态化督导、考核、问责机制,以建设目标为导向,量化考核指标,加大考核问责激励,设置煤矿智能化专项奖励基金,对于建成并通过验收的智能煤矿及重点项目给予奖励,激发煤矿智能化建设的积极性和主动性。